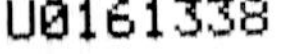

“101 计划”核心实践教材
计算机领域

新工科计算机专业卓越人才培养系列教材

计算机操作系统实验指导
——基于 RISC-V 代理内核（在线实训版）

华中科技大学计算机科学与技术学院　组编
邵志远　李果　编著

人民邮电出版社
北　京

图书在版编目（CIP）数据

计算机操作系统实验指导 ： 基于RISC-V代理内核 ： 在线实训版 / 华中科技大学计算机科学与技术学院组编 ； 邵志远，李果编著. -- 北京 ： 人民邮电出版社，2024.5
新工科计算机专业卓越人才培养系列教材
ISBN 978-7-115-63880-9

Ⅰ．①计… Ⅱ．①华… ②邵… ③李… Ⅲ．①操作系统－高等学校－教学参考资料 Ⅳ．①TP316

中国国家版本馆CIP数据核字(2024)第048427号

内 容 提 要

本书为基于 RISC-V 代理内核的计算机操作系统实验指导教材，本书实验分为基础实验和挑战实验两部分，分别介绍 RISC-V 体系结构、PKE 实验和实验环境配置、中断处理、内存管理、进程管理、文件系统。本书在采用 RISC-V 代理内核实现代码规模极简化的同时，更好地保证了计算机操作系统在概念和功能上的完整性，有助于读者将实验重点放在计算机操作系统重要概念对应的实现上。

本书可作为计算机类、电子信息类专业计算机操作系统课程的实验教材，也可作为计算机操作系统爱好者的参考书。

◆ 组　　编　华中科技大学计算机科学与技术学院
编　　著　邵志远　李　果
责任编辑　许金霞
责任印制　陈　犇

◆ 人民邮电出版社出版发行　　北京市丰台区成寿寺路 11 号
邮编　100164　　电子邮件　315@ptpress.com.cn
网址　https://www.ptpress.com.cn
涿州市京南印刷厂印刷

◆ 开本：787×1092　1/16
印张：10　　　　2024 年 5 月第 1 版
字数：243 千字　　　　2024 年 5 月河北第 1 次印刷

定价：46.00 元

读者服务热线：(010)81055256　印装质量热线：(010)81055316
反盗版热线：(010)81055315
广告经营许可证：京东市监广登字 20170147 号

在计算机系统中，计算机操作系统是负责管理计算机硬件，并为用户（程序）提供运行环境的重要系统软件。同时，“计算机操作系统原理”是我国普通高等学校计算机类专业的核心专业课程之一。计算机操作系统实验是该课程的教学中一个重要的环节，学生可以通过完成一系列实验，加深对原理课程中知识的理解，将原理运用到具体工程实践中。

然而，如仅配合“计算机操作系统”课程的教学为学生设计“合适”的实验，一直是教学中的痛点和难点：如果所设计的实验太简单（如只编写应用来调用操作系统所提供的功能），学生学习到的只是操作系统的使用知识，很难将原理运用到具体工程实现中；如果所设计的实验太复杂（如要求学生阅读 Linux 内核代码并进行操作系统开发），学生往往很难在有限的学时内完成对 Linux 内核代码的阅读与理解，毕竟今天的 Linux 内核（版本号为 6.1.8）的代码量已经到了惊人的三千万规模！

基于 RISC-V 代理内核的计算机操作系统实验（以下简称 PKE 实验，其中 PKE 是 Proxy Kernel for Education 的缩写）是在使用 RISC-V 指令集的计算机平台上，采用代理内核（Proxy Kernel）的思想所构造的一组操作系统实验。PKE 实验具有以下特点。

（1）自主可控

PKE 实验面向的是开放的 RISC-V 指令集。基于该指令集所设计的计算机系统结构呈现开源和多样化的特点，对该指令集的使用不太可能受到政策、商业利益等非教学因素的影响。另外，PKE 实验运行的目标环境，直接采用了通用的 64 位 RISC-V（RV64G）指令集。在可预见的未来，64 位指令集将是通用计算环境的“标配”，也将是学生在未来的职业生涯中所接触到的主流指令集。选择采用 64 位指令集的目标环境，能够避免学生经历从所学（低位指令集，如 16 位或 32 位等）转换到所用（主流的 64 位指令集）的困难。

（2）代码极简

与传统的操作系统内核不同，代理内核通过 RISC-V 目标机模拟器 Spike 所提供的 HTIF（Host-Target Interface，主机目标接口）实现对设备的操纵和对主机上文件的访问，这样可以使实验尽量少牵涉设备细节，有助于学生将实验重点放在操作系统重要概念对应的实现上。另外，代理内核只需要满足给定应用的执行要求，所以当应用相对简单时，代理内核只需要少量的代码就能够完成。例如，实现“Hello world!”应用程序的执行，PKE 实验的操作系统内核只需要约 500 行代码就能提供支持；实现基本内存管理，只需要约 800 行代码；实现多任务应用，只需要约 1000 行代码；而实现虚拟文件系统，只需要约 2800 行代码。

（3）概念完整

代理内核在实现代码规模极简化的同时，更好地保证了计算机操作系统在概念和功能上的完整性。虽然代理内核将 I/O（Input/Output，输入/输出）交给了 HTIF 和与主机进行的通信，但是它仍然需要考虑对处理器、内存、数据和文件等计算机“核心资产”的管理。所以，PKE 实验包含中断处理、内存管理、进程调度和文件系统等“操作系统原理”课程所教授的核心内容。通过完成 PKE 实验，学生能够将“操作系统”课程所学到核心知识点运用到具体工程实现中。

（4）基础和挑战并存

在 PKE 实验的每组实验中，我们将实验设计为基础实验和挑战实验两个部分。学生在完成基础实验后，可以选择自己感兴趣的挑战实验进一步学习与实践。基础实验类似于"填空题"，学生通过阅读本书以及代码内较为详细的注释后，只需要填写少量的代码（1～10 行）即可完成实验。而挑战实验更像"作文题"，学生需要根据实验所给的应用，思考操作系统内核需要实现的功能，配合更广泛的阅读，在内核中书写较多的（一般在 50 行以内）代码才能够完成实验。

PKE 实验的目标环境是采用 RV64G 指令集的 RISC-V 机器，该目标环境在实验过程中是通过 RISC-V 模拟器 Spike 来模拟的，所以，**学生在完成 PKE 实验的过程中，并不需要购买除笔记本电脑外的任何额外硬件**。本书提供完成 PKE 实验所需的所有电子资源的下载地址和使用方法，这些电子资源包括：RISC-V 模拟器 Spike、RISC-V 交叉编译器、PKE 实验的源代码、挑战实验的文档和实验指导等。其中，Spike 和 RISC-V 交叉编译器是开源软件，我们提供它们在 x86_64 平台上的 Linux 环境中能够直接运行的二进制包，避免从零开始构造所带来的时间开销。另外，为支撑 PKE 实验的在线评测，我们将 PKE 实验在头歌平台上进行部署，一方面让学生可以在任何时间段提交答案，另一方面也可以减轻教师的负担。

本书第 1 章介绍 RISC-V 体系结构，重点放在为了完成 PKE 实验，所必须了解的计算机体系结构的相关知识，以及 RISC-V 机器的特点上。第 2 章介绍代理内核的工作原理、PKE 实验构成，以及实验环境的构建等。第 3 章～第 6 章分别对 PKE 的 4 组实验进行介绍和指导，其中第 3 章指导学生完成中断处理部分的实验，第 4 章指导学生完成内存管理部分的实验，第 5 章指导学生完成进程管理部分的实验，第 6 章指导学生完成文件系统部分的实验。需要说明的是，为完成 PKE 实验，学生需要具备以下方面的背景知识：C 语言、汇编语言、计算机系统结构、操作系统原理，以及 Linux 使用。对于计算机专业的学生而言，最好在大学第三年完成对以上背景知识的学习后，再尝试完成 PKE 实验。

PKE 实验的设计灵感来自 RISC-V 代理内核（riscv-pk）项目，参考了清华大学陈渝和向勇老师的 UCore 操作系统及实验、麻省理工学院的 xv6 等知名项目。PKE 实验的设计和完善过程得到了华中科技大学的研究生（彭平、焦妍和桂祎等同学）和本科生（车春池、袁梓铭、宋奕欣和李博洋等同学），华中科技大学张杰老师，华东师范大学石亮老师、徐珑珊同学等，全国大学生计算机系统能力大赛操作系统设计赛的比赛组委，以及网络上的匿名网友通过项目评注给出的大量建议和帮助，华中科技大学李果也参与了本书的编写，在此表示感谢！

编者

2024 年 4 月

CONTENTS 目录

目录 CONTENTS

第 1 章 RISC-V 体系结构

微课视频

本章的 1.1 节将简单介绍 RISC-V 发展历史，随后将介绍和讨论 RISC-V 体系结构的各个方面，如 1.2 节介绍 RISC-V 汇编语言、1.3 节讨论机器的特权模式、1.4 节分析中断和中断处理、1.5 节讨论页式虚拟存储管理。值得注意的是，RISC-V 体系结构的知识体系相当庞大，实际上是很难用一章的内容完全讲清楚的。本章将重点阐述和讨论与操作系统设计有关的 RISC-V 体系结构知识内容，力求精简和突出重点。

1.1 RISC-V 概述

RISC-V（读作“risk-five”）是一种典型的基于精简指令集计算机（Reduced Instruction Set Computer，RISC）设计的指令集体系结构（Instruction Set Architecture，ISA），它是美国加利福尼亚大学伯克利分校的 David Patterson（戴维・帕特森）教授与 Krste Asanovic（克尔斯特・阿萨诺维奇）教授的研究团队于 2010 年提出的一个开放指令集。名称中的“V”指的是该 ISA 的第五个版本，有时“V”也被解读为向量（Vector）扩展。与之前的诸多商用指令集（如 x86、ARM、MIPS 等）不同的是，RISC-V 是一个开放指令集，它的提出受到了全球学术界和工业界的广泛关注。在我国，在网信办、工信部、中国科学院等多个国家政府部门、科研院所的支持和指导下，中国开放指令生态（RISC-V）联盟于 2018 年 11 月 8 日在浙江乌镇举行的第五届世界互联网大会上正式宣布成立。

相比于传统的商用指令集，RISC-V 指令集及其背后的计算机架构具有以下优点。

- **后发优势**。RISC-V 指令集是借鉴了之前的传统商用指令集，通过取长补短而提出的。相比于之前的传统商用指令集，RISC-V 规避了很多前人踩过的“坑”。
- **开放架构**。RISC-V 指令集是一个开放的指令集，这意味着任何组织或个人都可以自由地设计硬件，以支撑使用 RISC-V 指令集所编写的代码，而不会被起诉。同时，对该指令集的使用不受美国的贸易管制约束。需要指出的是，尽管 RISC-V 指令集是开放的，但采用该指令集的具体设计 IP（Intellectual Property，知识产权）是受到版权保护的，这样做的目的是在开放的前提下鼓励创新和保护开发者的商业利益。
- **场景丰富**。RISC-V 指令集综合考虑了多种应用场景（涵盖了从嵌入式低功耗应用场景到高性能服务器应用场景），为各种场景设计了多个不同但在指令上接近的分支。

RISC-V跟ARM类似，针对不同应用场景，RISC-V也都有对应版本。

● **开源参考**。自RISC-V提出以来，学术界和工业界都积极开展了对其的研究和应用，出现了大量的开源实现。这些开源实现，为具体应用领域的开发者提供了大量可借鉴的参考，同时极大地降低了CPU（Central Processing Unit，中央处理器）的设计门槛。可以预见的是，随着大量基于RISC-V指令集的芯片开源项目的诞生，RISC-V将像开源软件生态中的Linux那样，发展为计算机芯片与系统领域创新的“基石”。

在本书所设计的实验中，我们主要考虑通用计算环境，因此选择RV64G作为我们目标计算机的指令集。RV64G中的“RV”代表RISC-V；“64”代表所支持的指令是64位的（实际上，如果没有进行特定的设置，交叉编译器在生成代码时可能会采用32位指令缩短生成的目标代码长度），地址长度和寄存器长度都为64位；而“G”代表通用（General）计算平台。实际上，“G”等效于“IMAFD”，其中“I”代表整数（Integer）计算指令、整数load、整数store以及控制流（如分支跳转）指令，这些指令在任何RISC-V的实现中都是必需的；“M”代表乘法（Multiply），即平台支持乘法和除法运算；“A”代表原子（Atomic）扩展，即平台支持对寄存器进行的原子读、修改和写操作，这些操作在多核设计中非常有用；“F”代表平台支持单精度（Float）浮点运算；“D”代表平台支持双精度（Double）浮点运算。

按照RISC-V规范，使用RISC-V指令集的计算机可以设计为更低位数（如32位，甚至是16位），也可以设计为更高位数（如128位），这些设计都取决于所设计的计算机面向的目标领域。一般来说，如果计算机面向的目标领域是嵌入式领域，32位（甚至是16位）就已经足够；如果目标领域是桌面的办公环境或者手机领域，64位应已足够；但如果目标领域是服务器领域，则可能128位才是合适的。更高的指令集位数往往意味着更大规模的应用程序（更大的虚拟地址空间），以及更大规模的内存（注意：并不意味着更快的速度）。另外，指令集本身是可以裁剪的，例如在为嵌入式环境设计的单核处理器上，我们可以只保留“IMF”而不支持“AD”，从而降低处理器设计的复杂度以及处理器的能耗。

考虑到今天64位计算机（x86_64）已广泛应用于桌面、服务器领域，我们通常接触到的操作系统（如Ubuntu、Windows 10等）内置的都是64位编译器，编译出来的二进制代码也都默认是64位的，我们将PKE实验的目标平台设定为采用通用版本RV64G指令集的RISC-V计算机系统。

1.2 RISC-V汇编语言

完整的关于RISC-V汇编语言的介绍，读者可以参考开源的资料“The RISC-V Instruction Set Manual”，其中完整列举和解释了RISC-V的所有汇编指令。在本节，我们假设读者学习过8086汇编的知识，并重点讨论RISC-V汇编与8086汇编的不同，以及PKE实验代码涉及的一些汇编语法和指令。

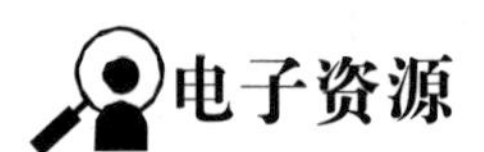

The RISC-V Instruction Set Manual-Unprivileged ISA

The RISC-V Instruction Set Manual-Privileged Architecture

1.2.1　寄存器

表 1-1 列出了采用 RV64G 指令集的 RISC-V 计算机中的 32 个通用寄存器（寄存器的宽度都是 64 位）。

表 1-1　RV64G 指令集的 RISC-V 计算机的 32 个通用寄存器

通用寄存器	应用程序二进制接口名称	描述	说明
x0	zero	Hard-wired zero	硬件零
x1	ra	Return address	常用于保存（函数的）返回地址
x2	sp	Stack pointer	栈顶指针
x3	gp	Global pointer	—
x4	tp	Thread pointer	—
x5-x7	t0-t2	Temporary	临时寄存器
x8	s0/fp	Saved register/ Frame pointer	（函数调用时）保存的寄存器和栈顶指针
x9	s1	Saved register	（函数调用时）保存的寄存器
x10-x11	a0-a1	Function argument/ Return value	（函数调用时）的参数/函数的返回值
x12-x17	a2-a7	Function argument	（函数调用时）的参数
x18-x27	s2-s11	Saved register	（函数调用时）保存的寄存器
x28-x31	t3-t6	Temporary	临时寄存器

需要注意的是，对于同一个通用寄存器，可以用不同的名称来对它进行访问。例如 x0 和 zero 对应的是同一个通用寄存器，且该寄存器是一个硬件零，也就是从该寄存器中读出来的数据永远是 0。x8、s0、fp 对应的也是同一个通用寄存器。一般来说，通过汇编语言编写程序时往往采用表 1-1 中的应用程序二进制接口（Application Binary Interface，ABI）名称来实现对寄存器的访问，以提高汇编代码的可读性。

除了表 1-1 中的通用寄存器外，RV64G 处理器中还有一个重要的寄存器：program counter（pc）。它也是 64 位寄存器，但对它的读取需要采用特殊指令（如 auipc 指令）进行。另外，RISC-V 计算机为这些通用寄存器赋予了不同的用途。例如，sp 寄存器用于指向栈顶（准确地讲是栈的低物理地址端，相应地，我们将栈的高物理地址端称为栈底）；fp 寄存器则会在发生函数调用时被赋值为 sp 的内容并压栈；名称以字母 a 开头的寄存器常用于函数调用时的参数以及返回值的传递；名称以字母 s 开头的寄存器用于在发生函数调用时保存重要计算结果；名称以字母 t 开头的寄存器则往往用于不重要的中间结果的保存。需要注意的是，在 RISC-V 计算机中除了硬件零寄存器 zero、栈顶指针寄存器 sp、函数返回地址寄存器 ra 外，其余寄存器如何使用实际上取决于汇编程序员或者编译器（如我们将要用到的 RISC-V 版本的 GCC 交叉编译器）。例如，对于名称以字母 s 开头的寄存器，虽然 RISC-V 规范要求在调用函数的时候，由被调用的函数将它们都保存（到栈中），但为了追求更高的速度，实际的函数代码往往只保存被函数使用过的寄存器。

不同于 8086，RISC-V 无法对“半个”寄存器进行直接访问（例如 8086 中 AL 之于 AX），指令始终需要访问完整的寄存器。另外，对于栈的访问，RISC-V 也并未提供类似 push 或者 pop 的指令，而是采用 load、store 来实现。

1.2.2 指令格式

图 1-1 列出了 RV64I（RV64G 的整数指令子集）的常用基础指令。

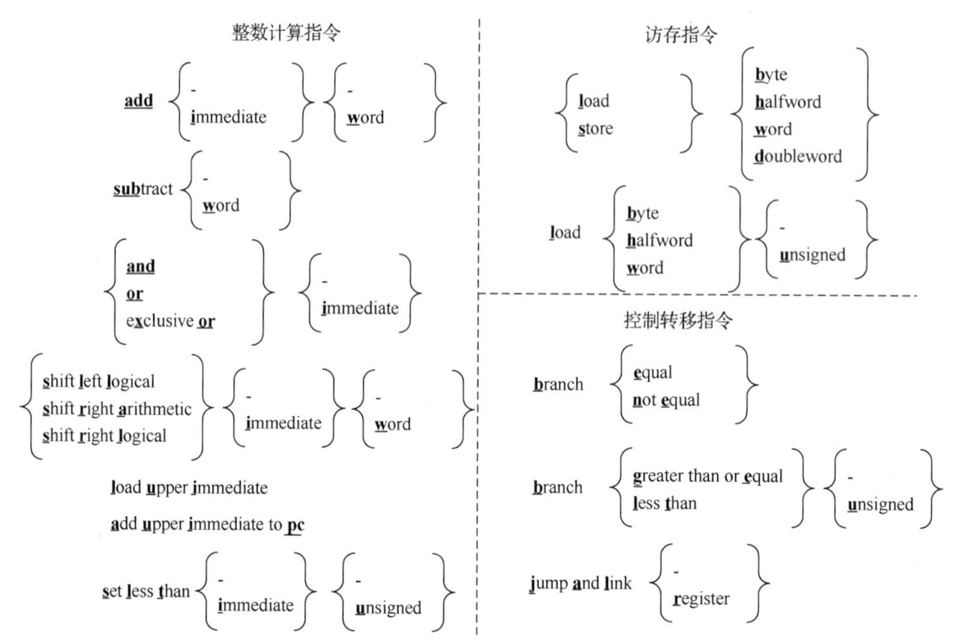

图 1-1　RV64I 的常用基础指令（带下画线的粗体字母从左到右连起来构成 RV64I 指令的名称）

从图 1-1 中，我们看到 RV64I 的常用基础指令并不多，这些指令分为整数计算（Integer Computation）指令、访存（Load and Store）指令和控制转移（Control Transfer，即跳转）指令，每条指令的名称由图中带下画线的粗体字母构成。例如，最基础的加法指令为 add，如果累加的其中一个操作数为立即数，则指令为 addi。实际上，除了列出的常用基础指令外，RV64I 还包括很多其他的指令，例如用于机器状态控制的指令、内存墙指令等。

RISC-V 汇编指令的格式与 8086 汇编指令的是截然不同的。以最基础的加法指令为例，RISC-V 汇编指令 add 的格式为：

```
add rd, rs1, rs2
```

或者

```
addi rd, rs1, immediate
```

其中，rd 代表目的寄存器（Register Destination），rs1 和 rs2 分别代表源寄存器（Register Source）1 和源寄存器 2，immediate 代表立即数。前一条指令的执行效果是将两个源寄存器（rs1 和 rs2）中存储的值相加，并将结果写到 rd 中；后一条指令的执行效果是将 rs1 中的值与立即数相加，并将结果写到 rd 中（忽略算术溢出）。需要注意的是，我们采用了 64 位指令集，这意味着以上指令中所有的操作数（无论是 rd 还是 rs 中的值，以及 immediate）默认都是 64 位的。如果 immediate 不足 64 位，则对其进行符号位（最高位）扩展，将其扩展到 64 位。如果要操作更小一点的数，则需要用到 addw，它最后的字母 w 表示操作数为一个字（32 位）。

以上我们以 add 指令作为例子，说明了 RISC-V 汇编指令的格式。读者会发现 RISC-V 汇编指令和 8086 汇编指令在语法上有着根本的区别，它们的源寄存器和目的寄存器的位置是不一样的。这里，我们没有足够的篇幅完整地列举和解释所有 RISC-V 汇编指令，但在完成 PKE 实验的过程中，读者能够了解 RV64I 的基础指令并看懂少量汇编代码就已经足够了。

1.2.3 访存和寻址模式

在内存访问上，RISC-V 提供的接口（相比于 8086 汇编提供的而言）极其简单，只有读（Load）内存和写（Store）内存。而且所有其他指令都只能与寄存器“打交道”，不能使用任何间接形式对内存进行访问。这样设计的好处是避免了 8086 汇编里令人“眼花缭乱”的访存和寻址模式，这是 RISC-V 的重要“后发优势”之一。

我们以 ld（Load）指令和 sw（Store Word）指令为例来说明 RISC-V 的访存指令，以下是 ld 指令的语法：

```
ld rd, offset(rs1)
```

执行 ld 指令的动作是将立即数 offset 进行符号扩展，与源寄存器 rs1 中的值进行求和，得到地址 A，然后读出内存中 A 所对应地址的 8 字节（64 位），将其写到目的寄存器 rd 中。

以下是 sw 指令的语法：

```
sw rs2, offset(rs1)
```

执行 sw 指令的动作是将立即数 offset 进行符号位扩展，与源寄存器 rs1 中的值进行求和，得到地址 A，然后将源寄存器 rs2 中低位的 4 字节（注意，不是 8 字节，因为操纵的是 word，即 32 位 4 字节）写到内存中以地址 A 开始的 4 字节中。当 RISC-V 处理器采用名称以字母 s 开头的指令（如例子中的 sw、双字存储指令 sd 等）向内存中写入数值的时候，地址是从低地址端向高地址端扩展的。同时，采用了小端对齐（Little-endian）的字节序：当将一个 8 字节的数值写入内存时，将该数值的低位部分放在低地址端。

假设 A=0x0000 0000 0000 0800，rs2 寄存器中的低位 4 字节数值为 0x1234ABCD，则 sw 指令执行完后内存中的数值为：

[0x0000 0000 0000 0800] = 0xCD

[0x0000 0000 0000 0801] = 0xAB

[0x0000 0000 0000 0802] = 0x34

[0x0000 0000 0000 0803] = 0x12

1.2.4 C 语言内联汇编

为实现对硬件的“包装”，操作系统往往需要具有操纵硬件实现如改变机器状态等动作的功能，这些功能高级语言（如 C 语言）并未提供，往往需要用汇编语言来完成。然而，纯粹用汇编语言来实现操作系统又会导致代码量太大，且代码的可读性不好。综合两者（汇编语言和 C 语言）长处的方案是在 C 语言中实现汇编语言的嵌入，而 PKE 实验所选择的基于 RISC-V 的 GCC 交叉编译器提供了两种形式的内嵌汇编的支持：基本内联汇编和扩展内联汇编。

● 基本内联汇编

基本内联汇编很容易理解，一般使用下面的格式：

```
asm("statements");
```

上述语句中的“asm”可以由“__asm__”来代替。在“asm”后面有时也会加上“__volatile__”提示编译器不要对括号内的汇编语句进行任何优化，保持指令的原样。

例如：

```
asm( "li x17,81" );        //将立即数 81 存入 x17 寄存器
asm( "ecall" );            //调用 ecall 指令（作用类似 8086 中的 int 指令）
```

编译器处理以上语句时，会将引号中的汇编语句直接翻译成对应的机器码，放到所生成的目标代码中。上述两行代码的作用是调用 81 号软中断（即 1.4 节中介绍的 syscall），但因为它们是相邻的汇编语句，所以可以用以下的形式编写：

```
asm( "li x17,81\n\t"
  "ecall" );
```

也就是采用分隔符“\n\t”隔开多条汇编指令。对于编译器而言，以上两种写法是等效的。实际上，GCC 交叉编译器在处理内联汇编语句时，需要把 asm(...)的内容输出到汇编文件中，所以格式控制字符是必要的。

● 扩展内联汇编

扩展内联汇编使得嵌入 C 语言的代码能够包含输入、输出参数，同时将被汇编代码块改变的寄存器“通知”给 GCC 交叉编译器，作为后者在调度寄存器时的参考。扩展内联汇编的格式为：

```
asm volatile(
"statements"（汇编语句模板）
output_regs（输出部分）
input_regs（输入部分）
clobbered_regs（破坏描述部分）
);
```

其中，asm 表示后面的代码为内嵌汇编，也可以写作__asm__；volatile 表示不想让编译器对圆括号里面的汇编代码进行优化，也可以写作__volatile__。“statements”是汇编语句模板；output_regs 是内联汇编的输出部分，可以理解为将要被汇编语句修改的寄存器；input_regs 是内联汇编的输入部分，即汇编语句执行所需要的输入寄存器；clobbered_regs 是破坏描述部分，代表将要被汇编语句改变（破坏）的内容。扩展内联汇编中汇编语句模板是必需的，其他 3 部分则都是可选的，以下对这些部分分别进行解释。

汇编语句模板：汇编语句模板由汇编语句序列组成，语句之间使用“;”、“\n”或“\n\t”分开。指令中的操作数可以使用占位符引用 C 语言变量表示，操作数占位符最多可以有 10 个，名称如下：%0,%1,⋯,%9。指令中使用上述占位符表示的操作数，占位符从%0 起，依次表示输出操作数、输入操作数。

输出部分：描述输出操作数，可以有多个约束，不同的操作数描述符之间用逗号隔开，每个约束用“=”开头，接着用字母表示操作数的类型。常用约束有："=r"（表示相应操作数可以使用一个通用寄存器）和"=m"（表示操作数存放在内存单元中）。例如"=m" (ret)，这里的“ret”是最终存放输出结果的 C 程序变量，而“=m”则是约束字符串，约束字符串表示对它之后的变量的约束条件，这样 GCC 交叉编译器就可以根据这些条件决定如何分配寄存器，如何产生必要的代码处理指令，以及如何处理操作数与 C 表达式或 C 变量之间的关系。“=”后面可跟的字母及其含义如表 1-2 所示。

输入部分：输入部分与输出部分相似，但是没有“=”。

破坏描述部分：破坏描述符用于通知编译器我们使用了哪些寄存器或内存，可以防止内嵌汇编在使用某些寄存器时导致错误。破坏描述符是由逗号隔开的字符串组成的，每个字符串描述一种情况，一般是寄存器，有时也会使用“memory”。具体的意思就是告诉编译器，在编译内嵌汇编的时候不能使用某个寄存器，或者不能使用内存的空间。

表 1-2　扩展内联汇编常用约束

字母	含义
m、o	内存单元
r	动态分配的通用寄存器
i	立即数
f	浮点寄存器

我们来看一个 C 语言内嵌汇编代码的例子：

```
int dest=0;
int value=1;
asm volatile (
"lw t0,%1 \n\t"
"add t0,t0,t0 \n\t"
"sd t0,%0"
:"=m"(dest) //输出部分
:"m" (value) //输入部分
: "memory" //破坏描述部分
);
```

在这个例子中定义了两个局部变量 dest 和 value，它们的初值分别为 0 和 1。扩展内联汇编代码将 value 的值读入 t0 寄存器，作为输入；接着使用 add 指令使 t0 中的值自我相加（即 t0=t0+t0）；最后将结果写回 dest 局部变量。需要注意的是，这里的%0 对应输出部分的 dest，而%1 对应输入部分的 value，因为在汇编语句模板之后先出现的是 dest，后出现的是 value。

1.2.5　一个例子

我们再看一个稍微详细的例子。我们希望通过这个例子能尽量把以上的知识点串起来，加深读者对 RISC-V 汇编语言的理解。以下代码给出了一个完整的例子（test_asm.c）：

```
 1 #include "user_lib.h"
 2 
 3 void bar()
 4 {
 5   asm volatile( "li s5, 300" );
 6 }
 7 
 8 int foo( int foo_arg )
 9 {
10   int x;
11   asm volatile( "li s5, 500" );
12   bar();
13   asm volatile (
14      "sw s5,%0"
15      :"=m"(x)
16      :
17      : "memory");
18   printu( "x=%d\n", x );
19   return 10;
20 }
21 
22 int main()
23 {
```

```
24   foo( 10 );
25   exit( 0 );
26 }
```

test_asm.c 的代码中，除了 main()函数外，还定义了另外两个函数——foo(int)和 bar()，前者的返回值类型为整型而后者无返回值。main()函数在执行过程中先调用 foo(int)函数，而 foo(int)函数在执行过程中调用 bar()函数。foo(int)函数中内嵌了两段汇编代码，第 11 行的基本内联汇编语句将寄存器 s5 的值赋为 500，而第 13～17 行的扩展内联汇编语句则将寄存器 s5 的值存放到局部变量 x 中，并在第 18 行输出。两段内嵌汇编语句之间被调用的 bar()函数也执行了一个基本内联汇编语句，该语句的作用是将寄存器 s5 的值赋为 300。以上例子的目的在于验证 s5 寄存器在调用子函数的过程中，函数是否将寄存器的值进行了保留。感兴趣的读者可以在完成 PKE 实验的实验 1_1（lab1_1_syscall）后，将 user/app_helloworld.c 替换为 test_asm.c，然后进行编译、执行。

1.3 机器的特权模式

采用 RV64G 指令集的通用 RISC-V 处理器，定义了 3 种特权模式：运行在最高特权级的机器模式（Machine Mode），运行在次高特权级的监管者模式（Supervisor Mode），以及运行在最低特权级的用户模式（User Mode）。机器模式是计算机启动后所处的模式，在该模式下能够运行所有特权指令，访问所有内存空间。监管者模式所处的特权级略低于机器模式所处的特权级，但仍能够运行部分特权指令以及访问机器模式所规定的所有内存空间。用户模式的特权级最低，无法执行改变机器状态的特权指令，也无法访问超过应用程序范围的内存空间。为后续讨论方便，我们有时会简称机器模式为 M 模式、监管者模式为 S 模式、用户模式为 U 模式。

实际上，RISC-V 指令集的设计综合考虑了从微型嵌入式设备到云服务器的多种应用场合，根据应用场合的不同，特权级有不同的组合。例如，对于简单的嵌入式设备（例如我们的 U 盘控制器），只设计机器模式（M）就足够了；对于有安全性考虑的嵌入式设备（例如车辆的中控、路由器等），则需要设计机器模式和用户模式的组合（M+U）；对于通用计算机（例如台式计算机、手机以及云服务器），由于需要运行通用操作系统，则需要设计机器模式、监管模式以及用户模式的组合（M+S+U）。由于本书的主题是操作系统，PKE 实验所设计的操作系统内核将认为其运行的 RISC-V 机器采用了 M+S+U 的组合。RISC-V 处理器的特权模式与特权级转换如图 1-2 所示。

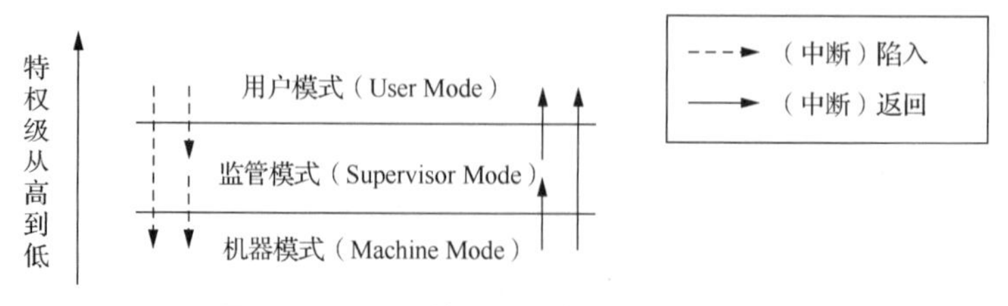

图 1-2　RISC-V 处理器的特权模式与特权级转换

通过“操作系统原理”课程我们知道，现代处理器通过定义不同的特权级对操作系统进行保护。例如，让操作系统运行在较高的特权模式下，而用户代码运行在较低的特权模式下，以防止用户代码执行恶意的动作破坏操作系统。然而，用户代码在它的生命周期里往往会要求做一些"合法"的特权模式行为（例如进行 I/O，典型例子如常用的 printf 函数。在 PKE 中，该函数的名字是 printu），这就意味着处理器需要支持特权模式的转换。在 RISC-V 处理器中，实现这种特权模式转换的工具是中断。当执行在低特权级模式的代码被中断（或者主动发出系统调用）时，处理器将进入更高特权级模式执行中断处理例程来处理打断（低特权）代码执行的事件。中断处理完成，处理器将从高特权级模式返回低特权级模式。这里的中断有时被称为异常或系统调用，我们将在 1.4 节详细讨论中断的分类、相关术语和处理流程。需要注意的是，RISC-V 处理器可以实现跨特权模式的转换，例如从 U 模式直接进入 M 模式，或者从 M 模式返回 U 模式，这些转换的实现都取决于机器的状态寄存器的设置。

RISC-V 为每一种特权模式定义了一组寄存器，这组寄存器用于控制机器的状态（Status）以及实现状态的转换。对于操作系统而言，比较重要的是机器模式和监管模式的一组寄存器——控制和状态寄存器（Control and Status Register，CSR），下面我们将分别讨论这两种模式下的 CSR，以及状态转换的实现。

1.3.1 机器模式下的 CSR

表 1-3 列出在机器模式下，RV64G 处理器中控制机器状态和与状态转换的主要寄存器（它们的长度都是 64 位）。

表 1-3　机器模式下的 CSR

寄存器	作用
mscratch（Machine Scratch）	保存机器模式的栈顶指针，这个寄存器在离开机器模式进入低特权级模式（如监管模式）时非常重要，因为一旦在低特权级模式发生异常，将可能会回到机器模式处理，这时机器模式需要用自己的栈来保存执行所调用的函数参数和返回地址
mstatus（Machine Status）	保存机器状态的寄存器
mtvec（Machine Trap Vector）	指向中断处理函数的入口地址
mepc（Machine Exception PC）	指向发生异常的那条指令的地址
mcause（Machine Cause）	表示发生中断的原因，如果发生的中断是异常，其最高位为 0，低位为异常编号；如果发生的是其他类型的中断，则其最高位为 1，低位为中断编号
mtval（Machine Trap Value）	异常发生时，附带的参数值。例如，当缺页异常发生时，mtval 的值就是程序想要访问的虚拟地址
mie（Machine Interrupt Enable）	中断开启寄存器
mip（Machine Interrupt Pending）	中断等待寄存器
mideleg（Machine Interrupt Delegation Register）	中断代理寄存器
medeleg（Machine Exception Delegation Register）	异常代理寄存器

表 1-3 中的很多寄存器（如 mscratch、mtvec、mepc）只是存放了一个指向内存地址的指针，相对简单；而 mcause、mtval、mideleg 以及 medeleg 都与中断处理密切相关，我们将在 1.4 节讨论中断时再对它们的作用进行讨论。M 模式的 CSR 中比较特殊的是 mstatus，它存放了机器状态，其结构如图 1-3 所示。

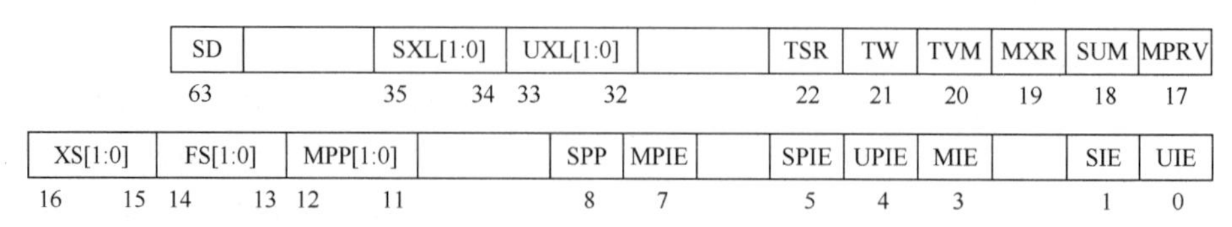

图 1-3　mstatus 寄存器的结构

以下是对 mstatus 中各个位的说明。

● MIE、SIE、UIE：中断使能位。只有在这些位为 1 时，处理器才能够分别在机器模式、监管模式或者用户模式处理中断。实际上，处理器要在 M 模式下处理中断，还取决于对应特权模式的 mie 寄存器中对应的中断位是否有设置，以及是否有中断产生。RISC-V 的中断并非一定要在机器模式下处理，处理器可以将特定中断“代理”给其他特权模式（如监管模式或用户模式）来处理，我们将在 1.4 节讨论这种中断代理的方法和相关寄存器（如表 1-3 中的 mideleg 和 medeleg）的设置。

● MPIE、SPIE、UPIE：中断使能保存位。这些位各自的作用是保留或暂存 MIE、SIE 或 UIE 的值。例如，若中断发生且在机器模式下处理，则中断发生时 MIE 中的值将自动保存到 MPIE 中，中断返回时，处理器将利用 MPIE 位的值恢复 MIE 位。

● MPP、SPP：发生中断异常之前的机器模式。MPP 有两位，00 表示用户模式，01 表示监管模式，11 则表示机器模式。因为机器模式具有最高特权级，当中断返回时（执行 mret 指令），从机器模式可以返回所有可能的模式，具体返回到哪个模式，将参考 MPP 的取值。例如，如果在用户模式下发生了中断，且中断例程在机器模式下执行，则进入中断时 mstatus 的 MPP 为 00。在中断例程执行完成时，mret 指令将让处理器返回到用户模式（目标模式保存在 MPP 中）。而 SPP 只有 1 位，因为从监管模式返回，可能返回到监管模式本身或者用户模式（不能返回机器模式）。

● FS、XS、SD：FS 和 XS 这两个位，分别用于用户模式下的浮点扩展和内存页面标记扩展。当处理器具备浮点运算单元，以及支持对应的用户态扩展时，这些位在 mstatus 中存在。根据它们的取值，处理器可以帮助操作系统判断在用户进程切换时是否需要保存上下文。例如，如果处理器认为操作系统在用户进程切换时需要保存更多的上下文（如浮点协处理器上的上下文，或内存中的页面），它将把 SD 位的值设置为 1，否则设置为 0。当然，如果处理器不具备浮点运算单元且不支持用户态扩展，则 SD 位的值恒定为 0。

● MPRV、MXR、SUM：这几个位都与访存控制有关。MPRV（Modify PRiVilege）位用于控制 load 和 store 的访问权限，当 MPRV=0 时，load 与 store 指令按照当前的特权模式进行地址转换与内存保护；当 MPRV=1 时，load 和 store 指令将按照 MPP 中存储的特权模式的权限进行内存保护检查。例如发生中断前处理器处于 U 模式，中断后进入 M 模式处理，这时 MPP 的值为 00。若此时 MPRV=1，则在 M 模式的中断处理例程中对内存访问的 load 和 store 依然按照 U 模式的权限进行。

MXR（Make eXecutable Readable）位用于修改 load 访存的权限。当 MXR=0 时，只能从标记为可读（页表项的 R=1）的内存页面中读取数据；当 MXR=1 时，可以从标记为可读（页表项的 R=1）或者可执行（页表项的 X=1）的内存页面中读取数据。关于 RISC-V 的页式虚拟存储管理将在 1.5 节讨论。

SUM（Permit Supervisor User Memory Access）位用于控制 S 模式下的虚拟内存访问特权检查。当 SUM=0 时，系统将不允许 S 模式的代码对 U 模式下允许访问的页面进行访问；当 SUM = 1 时，则允许进行这些访问。

- TVM（Trap Virtual Memory）、TW（Timeout Wait）、TSR（Trap SRET）：用于 RISC-V 的虚拟化支持。虽然虚拟化和操作系统之间有着非常紧密的联系，但由于虚拟化属于更高级的话题，在这里不进行详细论述。
- SXL、UXL：可以通过设置这两个位，改变低特权级模式下 CSR 的长度（如设置为 32 位）。为了简化讨论，我们忽略这两个位，认为 CSR 的长度为机器的总线宽度（全部为 64 位）。

1.3.2 监管模式下的 CSR

与机器模式类似，RISC-V 处理器在监管模式下也定义了一组重要的 CSR，如表 1-4 所示。

表 1-4 监管模式下的 CSR

寄存器	作用
sscratch（Supervisor Scratch）	保存监管模式的栈顶指针，这个寄存器在离开监管模式进入低特权级模式（如用户模式）时非常重要，因为一旦在低特权级模式发生异常，将可能会回到监管模式处理（假设已通过异常授权），这时监管模式需要用自己的栈保存程序执行的返回地址等
sstatus（Supervisor Status）	保存监管状态的寄存器
stvec（Supervisor Trap Vector）	指向监管模式中断处理函数的入口地址
sepc（Supervisor Exception PC）	指向发生异常的那条指令的地址
scause（Supervisor Cause）	表示发生中断的原因，如果发生的中断是异常，其最高位为 0，低位为异常编号；如果发生的是其他类型的中断，则其最高位为 1，低位为中断编号
stval（Supervisor Trap Value）	异常发生时，附带的参数值。例如，当缺页异常发生时，stval 的值就是程序想要访问的虚拟地址
sie（Supervisor Interrupt Enable）	中断开启寄存器
sip（Supervisor Interrupt Pending）	中断等待寄存器
sideleg（Supervisor Interrupt Delegation Register）	中断代理寄存器
sedeleg（Supervisor Exception Delegation Register）	异常代理寄存器

这些寄存器的长度实际上取决于 M 模式下 mstatus 寄存器中的 SXL 位的值。但为了简化后续讨论，我们仍假设它们的长度为 64 位。

比较表 1-3 和表 1-4，我们发现 S 模式下的 CSR 和 M 模式下的 CSR 是一一对应的。实际上，它们的作用也是一一对应的，不同的地方在于 S 模式的特权级比 M 模式的稍低，这也体现在状态寄存器 sstatus 上，该寄存器的结构如图 1-4 所示。

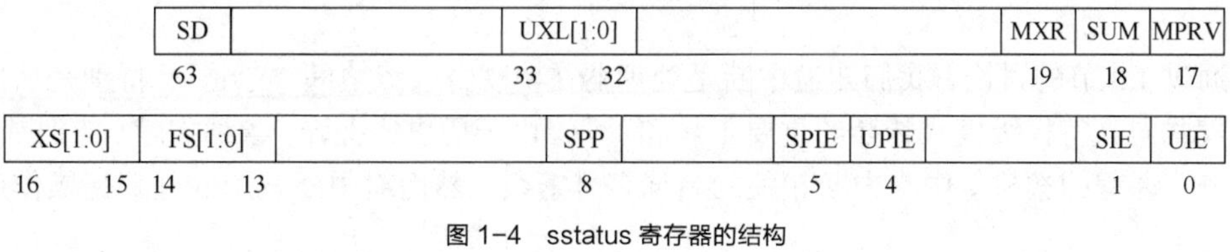

SD		UXL[1:0]		MXR	SUM	MPRV
63		33 32		19	18	17

XS[1:0]	FS[1:0]		SPP		SPIE	UPIE		SIE	UIE
16 15	14 13		8		5	4		1	0

图 1-4 sstatus 寄存器的结构

对比图 1-3 和图 1-4 可以发现，sstatus 像是一个“缩水”版的 mstatus。sstatus 中与 mstatus 中相同的位具有与 mstatus 模式中相似的作用（见 1.3.1 小节中的说明），如 UIE 和 SIE 的作用是控制是否允许在 U 模式或 S 模式下处理中断，UPIE 和 SPIE 的作用是保存 UIE 和 SIE 位等。除 sstatus 外，scause、stval、sideleg 以及 sedeleg 的作用也与 M 模式下对应的 mcause、mtval、mideleg 以及 medeleg 的类似，对它们的讨论也放在 1.4 节。

相应地，RISC-V 处理器在 U 模式下也定义了表 1-3 或表 1-4 所示的一组 CSR。U 模式下 CSR 的作用也跟 M 模式或 S 模式下 CSR 的类似，只是 U 模式是最低特权级模式，U 模式下 CSR 比 M 模式或 S 模式下对应的 CSR 的更简单。

1.3.3 CSR 的读写指令

在 RISC-V 处理器上，对于 CSR 的读写不能使用普通的 load 指令，而应采用以 csr 开头的汇编指令。表 1-5 列出了 RISC-V 机器所支持的常用 CSR 读写指令。

表 1-5 常用 CSR 读写指令

指令	功能
csrr rd, csr	Control and Status Register Read，读 CSR 指令。把 csr 寄存器中的值写入 rd 寄存器
csrw csr, rs1	Control and Status Register Write，写 CSR 指令。把 rs1 的值写到 csr 寄存器中
csrs csr, rs1	Control and Status Register Set，设置 CSR 指令。对于 rs1 中每一个为 1 的位，将 csr 寄存器中对应位置位
csrc csr, rs1	Control and Status Register Clear，清除 CSR 指令。对于 rs1 中每一个为 1 的位，将 csr 寄存器中对应位清零
csrrs rd, csr, rs1	Control and Status Register Read and Set，读后设置 CSR 指令。记控制寄存器中的值为 t，把 t 和寄存器 rs1 中的值按位或的结果写入 csr 寄存器，再把 t 写入 rd 寄存器
csrrc rd, csr, rs1	Control and Status Register Read and Clear，读后清除 CSR 指令。记控制寄存器中的值为 t，把 t 和寄存器 rs1 中的值按位与的结果写入 csr 寄存器，再把 t 写入 rd 寄存器
csrrw rd, csr, rs1	Control and Status Register Read and Write，读后写 CSR 指令。记控制寄存器中的值为 t，把寄存器 rs1 的值写入 csr 寄存器，再把 t 写入 rd 寄存器

需要注意的是，对于表 1-5 中的 csrc、csrs、csrrs、csrrc 以及 csrrw 指令，都有其立即数版本。例如 csrci 就是 csrc 的立即数版本，立即数版本将 rs1 替换为立即数，并取立即数的低 5 位参与运算。立即数版本的功能跟非立即数版本的一致，但因为我们设计的实验（PKE 实验）较少用到这类指令，所以我们并未把它们列入表 1-5。

1.4 中断和中断处理

通过 1.3 节的讨论，我们知道中断是处理器在实现特权级之间“穿越”，特别是从低特权级模式向高特权级模式转换的重要工具和手段。由于历史或翻译，各种文献（特别是“操作系统”课程的教材）中与中断相关的名词多且繁杂，然而对中断概念的理解是操作系统中非常重要的一环。我们将在 1.4.1 小节对中断的概念与分类进行讨论，力求厘清与中断相关的各种表述，帮助读者准确理解和表达中断。在 1.4.3 小节，我们将讨论 RISC-V 处理器的中断处理，并在 1.4.4 小节介绍 RISC-V 的中断代理机制。

1.4.1 中断的概念与分类

对于中断，我们必须认识到：**它的本质是打断处理器上正在执行的程序，使处理器转而去执行另一段程序，并且在执行完这一段程序后，返回去执行原先在处理器上被打断的程序的过程**。例如，（低特权级模式下的）某程序在处理器上执行时，由于某事件的发生，处理器不得不转而（进入更高特权级模式）去执行该事件的处理程序，并在执行完处理程序后返回之前的（低特权级模式）程序继续执行。

在 RISC-V 处理器上，中断并不一定意味着特权级的变迁（RISC-V 支持平级中断，例如简单嵌入式设备上从 M 模式到 M 模式的中断），但是对于传统意义的操作系统而言，由于多个特权级（例如，我们考虑的 M+S+U 模式的 RISC-V 机器）的存在，中断处理例程往往在比用户模式（也就是被中断的用户程序所运行的特权模式）更高级别的特权模式（如监管模式或机器模式）中执行。对操作系统而言，这样做可以更好地对操作系统本身、计算机的内存资源以及 I/O 资源进行保护。

实际系统中导致中断发生的事件往往是比较复杂的，它们的来源、处理时机和返回方式都不尽相同。为了使读者对中断的理解以及表达具有准确性，我们将系统中发生的可能中断当前执行程序的事件分为以下 3 类。

- exception（异常）：这类中断是处理器在执行某条指令时，由于条件不满足而产生的。典型的异常有缺页、执行当前特权级不支持的指令等。**相对于正在执行的程序而言，exception 是同步（Synchronous）发生的。exception 的产生时机是指令执行的过程（即处理器流水线的执行阶段），在 exception 处理完毕，系统将返回发生 exception 的那条指令并重新执行该指令。**
- syscall（系统调用）：这类中断是当前执行的程序主动发出的 ecall 指令（类似 8086 中的 int 指令）产生的，即我们通常理解的“系统调用”。实际上，在 RISC-V 术语中称这类中断为 trap，但是我们认为 trap 并不准确，且非常不建议把它翻译为“陷阱”！因为“陷阱”这个词在中文语境中的含义和“中断”的一样宽泛，**我们更推荐使用 syscall（对应的中文翻译是“系统调用”）来指代这类中断**。典型的 syscall 有屏幕输出（printf）、磁盘文件读写（read/write）等，这些高级语言函数调用通过系统函数库（libc）转换，RISC-V 会转换成 ecall 指令。**与 exception 类似，相对于正在执行的程序而言，syscall 也是同步发生的。但与 exception 不同的地方在于，syscall 在处理完成后返回的是下一条指令。**
- IRQ（外部中断）：这类中断一般是由外部设备产生的事件导致的。实际上，在 RISC-V 术语中称这类中断为 interrupt，但我们认为在操作系统语境下用这个词并不合适，因为 interrupt（它的中文翻译是“中断”）往往存在指代范围太宽泛的问题。IRQ（Interrupt ReQuest）是来源于 Intel 的术语，我们认为，用它来指代外部中断更加准确和不容易导致混淆。典型的 IRQ 有可编程时钟计时器（Programmable Interral Timer，PIT）所产生的 timer 事件、DMA（Direct Memory Access，直接存储器访问）控制器发出的 I/O 完成事件、声卡发出的缓存空间用完事件等。**相对于正在执行的程序而言，IRQ 是异步（asynchronous）发生的**。另外，对于处理器流水线而言，IRQ 的处理时机是指令的间隙。不同于 exception

但与 syscall 类似，**IRQ 在处理完成后返回的是下一条指令**。

表 1-6 对这 3 类中断进行了归纳和比较。需要注意的是，不同文献（特别是中文文献）对于某个类型的中断可能用了不同的名字。例如，trap 在很多文献和参考书中又被称为“陷阱”“陷入”“软件中断”或“系统调用”等，具体指代往往难以明确。面对纷繁复杂的术语，我们给读者的建议是：**描述某个确定的中断时，尽量用英文单词来表达（不要翻译成中文，特别是避免使用“中断”或“陷入”这类含义太宽泛的名词）**。实际上，当需要描述某个新类型的中断时，可以试着根据这个中断的产生时机、处理时机，以及返回地址来对它进行分类和归纳，并翻译出它对应的类名。这样，听众一听就知道该中断的类型以及对应的处理方式了，避免了很多不必要、啰嗦且含糊的解释。

表 1-6　对 3 类中断的归纳和比较

中断类型	产生时机	处理时机	返回地址
exception（异常）	同步（相对于正在执行的程序）	指令执行阶段	发生异常的指令
syscall（系统调用）	同步（相对于正在执行的程序）	—	下一条指令
IRQ（外部中断）	异步（相对于正在执行的程序）	指令执行间隙	下一条指令

exception 和 syscall 往往被归类为“内部中断”，而 IRQ 被归类为“外部中断”，这是因为 exception 和 syscall 来源于当前正在执行的程序，而 IRQ 来源于外部设备。另外，IRQ 根据是否可被屏蔽，又可进一步被细分为普通 IRQ 和不可屏蔽 IRQ，其中后者往往被称为 NMI（Non-Maskable IRQ），读者知道 NMI 是 IRQ 的一种即可。在 PKE 实验的第一组实验（lab1）中，读者将通过对 PKE 操作系统内核的完善深刻理解表 1-6 中所列举的 3 类中断的区别。

1.4.2　中断向量表

系统发生中断（这里，我们用中文名词中的“中断”来指代广义的中断）时执行的一段程序，往往被称为**中断例程**（Interrupt Routine）。因为事件的多样性，系统可能有多个中断例程，通常的做法是把这些中断例程的入口放在一张表中，而这张表一般称为中断向量表（Interrupt Table）。在发生中断后，RV64G 处理器会将发生的中断的类型、编号自动记录（硬件完成）到目标模式的 CSR 中。假设发生中断的目标模式为 M 模式，则中断的这些信息会被记录到 mcause 寄存器。表 1-7 列出了 mcause 寄存器的可能取值及其对应的中断信息[为简化讨论，我们只考虑为处理器配置本地中断控制器（Core Local Interrupt，CLINT）的情况]。

表 1-7　mcause 寄存器的可能取值（由 Interrupt 及 Code 字段拼接）及其对应的中断信息

Interrupt	Code	中断信息
1	0	User software interrupt
1	1	Supervisor software interrupt
1	2	保留
1	3	Machine software interrupt
1	4	User timer interrupt
1	5	Supervisor timer interrupt
1	6	保留
1	7	Machine timer interrupt

续表

Interrupt	Code	中断信息
1	8	User external interrupt
1	9	Supervisor external interrupt
1	10	保留
1	11	Machine external interrupt
1	≥12 && <16	保留
1	≥16	Implementation defined local interrupts
0	0	Instruction address misaligned
0	1	Instruction access fault
0	2	Illegal Instruction
0	3	Breakpoint
0	4	Load address misaligned
0	5	Load access fault
0	6	Store/AMO address misaligned
0	7	Store/AMO access fault
0	8	Environment call from U-mode
0	9	Environment call from S-mode
0	10	保留
0	11	Environment call from M-mode
0	12	Instruction page fault
0	13	Load page fault
0	14	保留
0	15	Store/AMO page fault
0	≥16	保留

从表 1-7 中我们可以看到：首先，当发生的中断类型是 interrupt 时，mcause 的高位为 1，而当发生的中断类型是 exception（或 trap）时，mcause 的高位为 0；其次，对于 interrupt 而言，一个特权模式只有一些可能的取值。例如，对于 M 模式，interrupt 的 Code 的可能（典型）取值及其对应的中断信息的含义如下。

- 3：Machine software interrupt。这种类型的中断是由软件产生的，但不是 exception 或者 syscall！实际上，这类 interrupt 主要是指在多核[RISC-V 中的硬件处理单元称作硬件线程（Hardware Threads，简称 Harts），一般情况下它等同于“处理器核”]环境下，发生在处理器之间的中断。RISC-V 是通过让一个处理器核直接写另一个处理器核的本地中断控制器来实现这类中断的。
- 7：Machine timer interrupt，即时钟中断。它是由处理器核所带的本地中断控制器实现的。
- 11：Machine external interrupt，即除了时钟中断之外的其他中断，例如键盘、其他外设等。
- ≥16：Implementation defined local interrupts。与实现相关的其他中断源，对于 RV64G 指令集而言，这个数字可以到 48（RV32G 是 16）。数字越大，意味着可以支持更多的中断源。

对于非 interrupt（即表 1-7 的 Interrupt=0）情况，Code=8 表示发生的是一个来自 U 模式的 syscall（Environment call from U-mode）；Code=9 表示发生的是一个来自 S 模式的 syscall（Environment call from S-mode）；而 Code=11 表示发生的是一个来自 M 模式的 syscall（Environment call from M-mode）。需要再次强调的是，这里的 syscall 就是我们平时所说的“系统调用”，在 8086 环境下它们由 int 指令产生，而在 RISC-V 环境下它们由 ecall 指令产生。

除了这几个取值外，表 1-7 中其他的 Interrupt=0 的情况都是 exception。例如，Code=13（Load page fault）就是常见的“缺页中断”（实际上应该叫作缺页异常）了；Code=15（Store/AMO page fault）就是访存或原子内存操作（Atomic Memory Operation，AMO）异常，这些异常在我们的 PKE 实验中都能接触到，**出现这类异常往往意味着代码里存在写空指针错误**。

仍然以机器模式为例，在 RISC-V 处理器中，中断向量表的组织和实现有两种模式：一种是直接模式（Direct Mode），另一种是向量模式（Vectored Mode）。直接模式是将 CSR 中的 mtvec 指向所有中断（包括表 1-7 中所有的 interrupt、trap 和 exception）的总入口函数，然后由该函数根据 mcause 中具体的值调用对应的中断例程。向量模式则严格按照表 1-7 所示的顺序，将所有中断例程的入口地址组织成一个向量表（类似 8086 中的中断向量表），并将 mtvec 指向该表的首地址。当发生中断时，根据 mcause 中的值计算向量表中的偏移并调用对应中断例程。RISC-V 根据 mtvec 的最低位（mtvec.mode）来判断系统具体采用了哪种模式：如果采用了直接模式，则其最低位为 0；如果采用了向量模式，则其最低位为 1。在 PKE 实验中，我们使用的是直接模式。

1.4.3 中断处理例程

当发生一个中断时，假设其目标模式（即执行中断例程的模式）为机器模式，RISC-V 处理器硬件将执行以下动作：

（1）保存（进入中断处理例程之前的）pc 的值（如果是 syscall 或者 IRQ，则保存下一条指令的 pc 的值）到 mepc 寄存器中；

（2）将（进入中断处理例程之前的）特权模式保存到 mstatus 寄存器的 MPP 位；

（3）将 mstatus 寄存器中的 MIE 位保存到（mstatus 寄存器自己的）MPIE 位；

（4）设置 mcause，其值与表 1-7 中的 Interrupt 和 Code 值对应；

（5）将 pc 设置为中断处理例程的入口，如果为直接模式则将 pc 设置为 mtvec 的值；

（6）将 mstatus 寄存器的 MIE 位清零，转入机器模式。

在 PKE 实验中，系统的中断实际上是代理给监管模式（S 模式）处理的，在发生中断时，处理器硬件的流程与以上的机器模式的流程类似，只是 mepc、mstatus、mcause 及 mtvec 换成了 sepc、sstatus、scause 以及 stvec。

典型的中断处理流程如以下代码所示：

```
.align 6
.global handler_interrupt
handler_interrupt:
addi sp, sp, -32*REGBYTES
STORE x1, 1* REGBYTES(sp)
STORE x2, 2* REGBYTES(sp)
...
```

```
STORE x31, 31* REGBYTES(sp)
//call C code handler
call software_handler
//finished interrupt handling, ready to return
LOAD x1, 1* REGBYTES(sp)
LOAD x2, 2* REGBYTES(sp)
...
LOAD x31, 31* REGBYTES(sp)
addi sp, sp, 32*REGBYTES
mret
```

在以上的代码中，中断例程将首先保存通用寄存器（x0 因为是硬件零，没有保存的价值），接下来调用由 C 语言编写的中断处理函数 software_handler，在中断处理函数执行完毕后恢复通用寄存器的值，并调用 mret（S 模式下对应 sret）指令将该值返回。

处理器在执行 mret 指令时，将执行以下动作：

（1）将 mstatus 寄存器的 MPIE 位的值恢复到该寄存器的 MIE 位；

（2）处理器转换到 mstatus 寄存器中 MPP 位所对应的特权模式；

（3）将 mepc 中的内容恢复到 pc 中。

从以上中断例程的处理流程可以看到，中断的处理实际上是由硬件和软件共同完成的。硬件负责保存一部分的中断现场，而软件则主要根据所发生中断的类型选择适合的中断例程来进行处理，软件部分也需要保存一部分的中断现场，如通用寄存器部分。

1.4.4 RISC-V 的中断代理机制

RISC-V 在中断处理上有一个很有意思的设计，即可以将系统中的特定中断或者异常，通过设置较高特权级的 CSR，“代理”给某个更低的特权级处理。例如，我们可以设置机器模式的 mideleg 以及 medeleg 中的某些位，将系统中的部分中断（对应 mideleg）或异常（对应 medeleg）“代理”给较低特权级的监管模式来处理；同理，我们也可以设置监管模式的 sideleg 以及 sedeleg 中的某些位，将系统中的部分中断或异常“代理”给用户模式的代码来处理。

例如，我们的 PKE 代码中，有以下的等效代码：

```
csrw mideleg, 1<<1 | 1<<5 | 1<<9
csrw medeleg, 1<<0 | 1<< 3 | 1<<8 | 1<<12 | 1<<13 | 1<<15
```

这段代码的作用是将 M 模式中 interrupt 中的 1、5 和 9 号(分别对应 Supervisor software interrupt、Supervisor timer interrupt 和 Supervisor external interrupt）“代理”出去，到 S 模式处理；再将 M 模式中 exception（或 syscall）中的 0、3、8、12、13 和 15 号（分别对应 Instruction address misaligned、Breakpoint、Environment call from U-mode、Instruction page fault、Load page fault、Store/AMO page fault）“代理”出去，到 S 模式处理。实际上，将这些重要的中断“代理”出去后，系统中产生的绝大部分中断事件将都在 S 模式处理。所以，在其后的 PKE 实验中，读者主要跟 U 模式以及 S 模式的代码打交道，除启动过程和一些简单的设置（如访存、中断代理等），PKE 实验基本不涉及 M 模式的代码。

1.5 页式虚拟存储管理

我们知道，程序中的代码对数据进行访问（如使用 load 和 store 指令）时，采用的是数据的虚拟地址（即程序地址）。然而，将程序装入内存时，装载器无法保证数据的虚拟地址和物理地址（内存的编址）之间有完全相等的关系。实际上，由于操作系统往往是计算机装入物理内存的第一个程序，如果仔细规划虚拟地址空间，还能勉强建立（操作系统程序内部的）虚拟地址到（其所装入的物理内存的）物理地址的相等关系，但是这一点对于后续装入的应用程序，几乎是无法且不可能保证的。

为了实现程序虚拟地址到（其装入物理内存后的）物理地址的转换，保证程序对数据的正确寻址，采用 RV64G 指令集的 RISC-V 处理器在监管模式（即 S 模式，也就是 PKE 操作系统代码运行的特权模式）提供了 3 种虚拟地址到物理地址的转换方式：Bare、Sv39 和 Sv48。由于虚拟地址到物理地址的转换与物理内存的管理有着紧密的联系，所以以上 3 种转换方式也被称为虚拟存储管理（Virtual Memory Management，VMM）方式。其中 Bare 方式是最简单的 VMM 方式，它在寻址时不对虚拟地址进行任何转换，所访问的物理地址就等于虚拟地址，这种方式在操作系统启动和刚进入 S 模式时很有用，单任务模式（只执行一个应用）下仍然可用，但多任务模式（启动多个进程）下就不可用了；Sv39 和 Sv48 是页式 VMM 方式，它们分别支持 39 位和 48 位的虚拟地址，且将物理内存以页面（page）的粒度进行管理。Sv39 和 Sv48 这两种 VMM 方式中，用得较多的是 Sv39，Sv48 只是在 Sv39 上的一个简单扩展，所以在后续讨论中，我们将着重讨论 Sv39。

1.5.1 Sv39 中的物理地址与虚拟地址

首先我们来讨论物理地址。顾名思义，采用 RV64G 指令集的处理器的物理地址应该有 64 位，但是目前的设计是不是把 64 位都用了呢？答案是并没有！目前的设计只用到了其中的 56 位。这意味着现有的设计能够支撑的物理内存空间大小已经高达 2^{56}B=2^{16}TB，即 65536TB！这个数字在内存条仍然比较昂贵的今天，已经是一个惊人的数字了，因为即使对于今天的服务器而言，物理内存达到 1TB 以上依旧是比较“豪华”的配置。

接下来我们来讨论虚拟地址。对于 Sv39 而言，该 VMM 方式实际上只用到了 64 位中的 39 位（是的，也没有用到全部 64 位，不过相信读者理解了 VMM 的原理就能明白为什么无论是物理地址还是虚拟地址都未用满 64 位了）。有了 39 这个数字，我们就可以计算出虚拟地址空间的大小为 2^{39}B=512GB，这意味着我们写的程序最大可以达到 512GB！当然，这个数字对于我们在实验中所写的小程序没有什么意义（我们写的 hello world 之类的小程序的虚拟地址空间只有几 KB），但是这个数字对于大型游戏软件以及部分大数据处理软件是有足够吸引力的，这也是计算机工业“义无反顾”地抛弃 32 位去拥抱 64 位的根本原因！通过以上的讨论，我们发现一个有趣的现象，那就是：

虚拟地址空间大小 ≠ 物理地址空间大小

可以说，这个现象对于今天广泛存在的 64 位系统而言，已经司空见惯了。同理，对于 Sv48 而言，其虚拟地址长度是 48 位，跟物理地址长度 56 位也不相等。

1.5.2 Sv39 中的页式地址空间管理与页表

我们来分析 Sv39 这种 VMM 方式中虚拟地址到物理地址的转换。由于 Sv39 是一个页式 VMM 方式，我们首先需要了解的是页面的大小。页面包括虚页（Virtual Page）和实页（Physical Page，又称物理页）。对于 Sv39（实际上，包括 Sv48）而言，其基础页的大小是 4KB。实际上 Sv39 也支持更大的页面，例如 2MB 的兆页（Megapage）和 1GB 的吉页

（Gigapage），这些我们将在弄明白页式地址转换后讨论，现阶段读者可以只考虑 4KB 的基础页。

接下来，我们对 39 位的虚拟地址进行“切分”，Sv39 中虚拟地址的结构如图 1-5 所示。

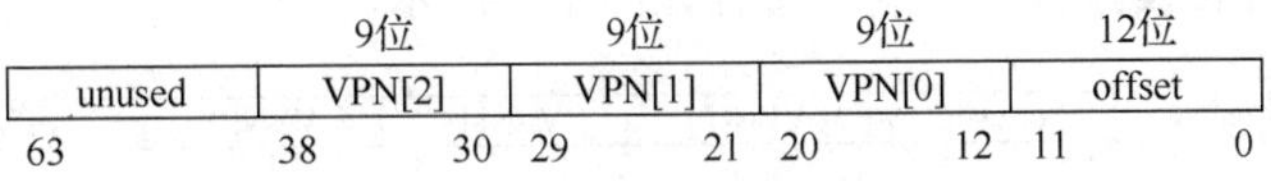

	9位	9位	9位	12位
unused	VPN[2]	VPN[1]	VPN[0]	offset
63	38　30	29　21	20　12	11　0

图 1-5　Sv39 中虚拟地址的结构

从图 1-5 中，我们可以看到虚拟地址在切分后，从右到左依次的分布是：12 位的 offset（即页内偏移）、9 位的一级虚页号（Virtual Page Number，VPN）VPN[0]、9 位的二级虚页号 VPN[1]、9 位的三级虚页号 VPN[2]。其中的一级虚页号又常被称为页表（Page Table，PT）编号，而二级虚页号和三级虚页号又常分别被称为页目录（Page Directory，PD）和根目录编号。

页内偏移为 12 位，这很容易理解：因为我们的基础页的大小是 4KB，其地址长度就是 12 位。但是，为什么我们的 VPN 都是 9 位的呢？这是因为我们的页表（或者页目录）是需要保存在内存（物理）页面中的，而 4KB 大小的基础页能够保存的页表项（Page Table Entry，PTE）或页目录项（Page Directory Entry，PDE）的个数是 512（2^9）个！为了讲清楚这个问题，我们需要进一步观察图 1-6 所示的 Sv39 中 PDE/PTE 格式。

	44位	2位								
Reserved	PPN	RSW	D	A	G	U	X	W	R	V
63　54	53　10	9　8	7	6	5	4	3	2	1	0

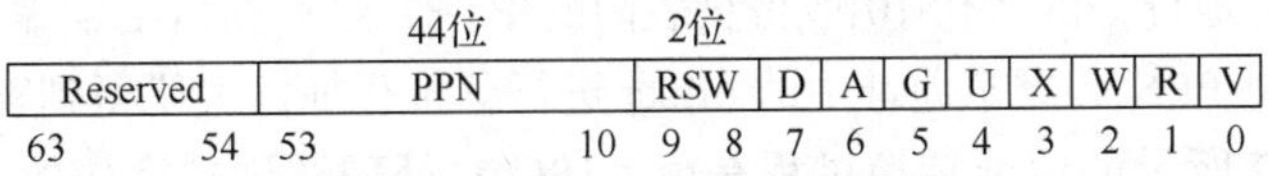

图 1-6　Sv39 中 PDE/PTE 格式

对图 1-6 所示的 Sv39 中 PDE/PTE 格式的解释如下。

- V（Valid）位决定了该 PDE/PTE 是否有效（V=1 时有效），即是否有对应的实页。
- R（Read）、W（Write）和 X（eXecutable）位分别表示此页对应的实页是否可读、可写和可执行。这 3 个位只对 PTE 有意义，对于 PDE 而言，这 3 个位都为 0。
- U（User）位表示该页是否为一个用户模式页。如果 U=1，表示用户模式下的代码可以访问该页，否则表示不能访问。S 模式下的代码对 U=1 的页面的访问取决于 sstatus 寄存器中的 SUM 字段取值。
- G（Global）位表示该 PDE/PTE 是否为全局的。我们可以把操作系统中运行的一个进程，看作一个独立的地址空间，有时会希望某个虚拟地址空间转换可以在一组进程中共享，在这种情况下，就可以将某个 PDE 的 G 位设置为 1，达到共享的效果。
- A（Access）位表示该页是否被访问过。
- D（Dirty）位表示该页的内容是否被修改过。
- RSW 位（2 位）是保留位，一般由运行在 S 模式的代码（如操作系统的代码）使用。
- PPN（44 位）是物理页号（Physical Page Number，PPN）。

图 1-6 所示的 Sv39 中 PDE/PTE 格式中有一个很重要的问题：为什么其中的 PPN 是 44 位呢？通过 1.5.1 小节的介绍，我们知道目前的 RV64G 处理器实际使用的物理地址是 56 位，而这个 2^{56}B 的物理地址空间可以看成多少个 4KB 的基础页呢？答案是 $2^{(56-12)}=2^{44}$ 个！也就是说，PPN 实际上是我们在“操作系统原理”课程中所学习到的“物理块号”，

如果我们知道一个物理页的编号，它的起始地址（64 位）我们就可以通过给其低 12 位和高 8 位添加 0 而得到。

在知道 Sv39 中虚拟地址的结构以及 PDE/PTE 格式后，我们就能够理解 Sv39 的虚拟地址到物理地址的转换过程了，这个过程如图 1-7 所示。

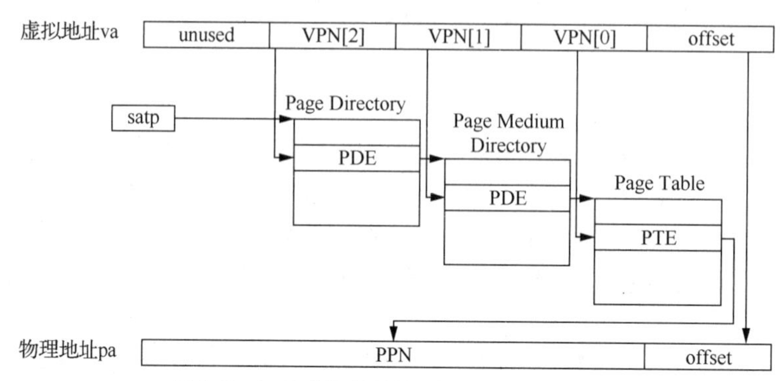

图 1-7　Sv39 中的虚拟地址到物理地址的转换过程

地址转换机构首先获得虚拟地址 va 的 VPN[2],在页目录的根目录(根目录的地址由 satp 寄存器保存）中查找对应的 PDE，以此得知页目录的 PPN；进而找到页目录实际存储的基础页，再根据虚拟地址中的 VPN[1]取得页目录内对应的 PDE；接着找到页表实际存储的基础页，再根据虚拟地址中的 VPN[0]取得页表内的 PTE，最后获得给定虚拟地址的物理地址对应的 PPN，再将 PPN 和虚拟地址中的 offset 进行移位相加，最终得到物理地址 pa。

注意，图 1-7 所示的地址转换过程是由 RISC-V 处理器硬件完成的，但是页表的构造却是由操作系统完成的！对于系统中执行的每个进程（操作系统本身也可以看作一个特殊的进程），都应该有一个页表与其对应，当处理器需要执行某个进程时，就应该将 satp 指向想要执行的进程。另外，对于一个进程而言，它可能用不完全部虚拟地址空间（Sv39 的虚拟地址空间的大小高达 512GB！），这种情况下它的页表中可能只有非常少部分的 PDE/PTE 是有效的（V 位为 1），而其他 PDE/PTE 并不指向任何物理内存页面。

将一个进程的（部分）地址空间“共享”给另一个进程，是操作系统中的常规操作，例如将操作系统本身的地址空间部分开放给某用户进程。有了页表的帮助，这种“共享”非常便捷，例如我们可以把某用户进程的 PDE 指向操作系统的 PD 或 PT。但是，这种“共享”必须考虑权限问题！例如，将用户进程的 PDE 或 PTE 中的权限位进行相应的设置（如不允许写或执行），避免对操作系统代码造成破坏。由于页面权限的限制，用户进程的执行可能会碰到访存方面的 exception，如访问某个 V=0 的页面（缺页异常），或者执行 X=0 的页中的代码，这些 exception 都会导致当前程序的中断，并进入更高特权级（如 PKE 操作系统运行的 S 模式）中处理。

1.5.3　satp、Sv48、TLB 和非基础页

在图 1-7 所示的地址转换过程中，一个重要的寄存器是 satp，它的结构如图 1-8 所示。

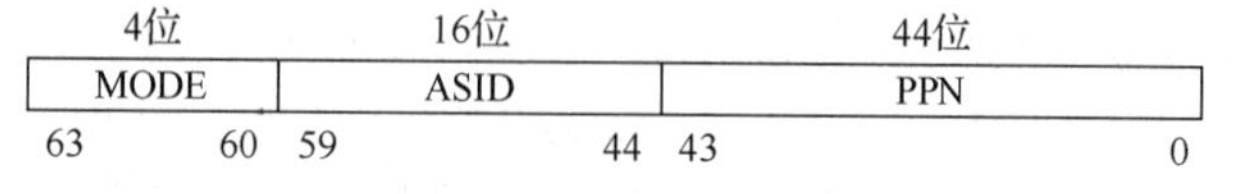

图 1-8　satp 寄存器的结构

satp 寄存器包含一个 44 位的 PPN，它指向一个页表的根目录所存储的基础页；一个 ASID（Address Space Identifier，地址空间标识符），它用于标识一个地址空间，当发生地址空间切换时系统将调用 SFENCE.VMA 指令来刷新地址转换机构，如 TLB（Translation Lookaside Buffer，转换后援缓冲器，即“操作系统”课程所讲的“快表”），我们将在后续讨论中介绍 TLB 和 SFENCE.VMA 指令；一个 4 位的 MODE。表 1-8 列出了 satp 寄存器中 MODE 域可能的取值及其含义。

表 1-8 satp 寄存器中 MODE 域可能的取值及其含义

取值	VMM 方式	含义
0	Bare	不对虚拟地址进行转换和内存保护
8	Sv39	采用 Sv39 方式对虚拟地址进行转换
9	Sv48	采用 Sv48 方式对虚拟地址进行转换

实际上除了 Sv39 和 Sv48 外，RISC-V 处理器在未来还可能支持更多的扩展，如 Sv57 以及 Sv64。从 39、48 及 57 这几个数字，我们可以发现的规律是它们之间两两的差是 9！结合图 1-7 所示的地址转换过程，我们就很容易理解什么是 Sv48 了：它在 Sv39 的基础上，用上了虚拟地址中的 39～47 这 9 个位（一共用了虚拟地址中的 48 位），作为四级虚页号 VPN[3]。这样做的结果是：在进行地址转换的时候新增了一级地址转换。显然，Sv48 提供了比 Sv39 更大的虚拟地址空间（2^{48}B=256TB>512GB），从而能够支撑更大的应用程序的执行，那么选择 Sv48 是不是比选择 Sv39 更具优势呢？答案是：这取决于是否真的有必要支撑超过 512GB 虚拟地址空间的应用，如果不需要，则 Sv39 是更合理的选择。从图 1-7 的地址转换过程，我们还可以看到，一次虚拟地址 va 到实地址 pa 的转换涉及 4 次（根目录+页目录+页表+pa 所在的页）访问内存操作！而相比于处理器内部进行的运算而言，访存显然是更为耗时的操作。可以想象，如果采用 Sv48，这个转换所需要的访存操作（5 次）比采用 Sv39 所需要的更多。

为了加快虚拟地址到实地址的转换，现在的处理器（RISC-V 处理器也不例外，但取决于具体的设计）一般都内置了 TLB 单元，其速度接近寄存器。在进行地址转换时，将常用的 PDE/PTE 存储在 TLB 中以加快虚实地址的转换速度。然而，这又带来一个新的问题，即当发生进程切换时，TLB 中很有可能还保留了上一个进程的地址转换所涉及的 PDE/PTE！这时，我们就需要借助 satp 寄存器中的 ASID（Application Space ID）字段来判断是否发生了进程切换，如果发生了，操作系统就需要调用 SFENCE.VMA 指令来将 TLB 中的内容刷新。

随着现在的应用对虚拟地址空间需求的增长，采用传统的 4KB 基础页来组织这类应用的虚拟地址空间显然会显得非常复杂（大量的 PDE 和 PTE），且会导致地址转换的低效率。为了应对这类变化，Sv39 提供了 2MB 的兆页和 1GB 的吉页来消减图 1-7 所示的虚拟地址转换层数，从而提高地址转换的效率。实际上它的原理非常简单：对于 2MB 的兆页，只需要将虚拟地址的 VPN[0]作为页内偏移的一部分即可（12+9=21，2^{21}B=2MB）；而对于 1GB 的吉页，只需要将虚拟地址的 VPN[0]和 VPN[1]都当作页内偏移即可（21+9=30，2^{30}B=1GB）。实际上，开启采用兆页或吉页的方法，在 RISC-V 规范中并未提供，应该由各个设计 RISC-V 处理器的单位自行制定。

在 PKE 实验中，我们将在实验 1（lab1）接触到 RISC-V 机器的 Bare 方式（也就是虚拟地址=物理地址），而在实验 2（lab2）接触到 RISC-V 机器的 Sv39 页式 VMM。

第 2 章

PKE 实验和实验环境配置

微课视频

PKE 实验所构造的操作系统内核，采用代理内核的思路进行开发，运行在由模拟器构造的 RISC-V 目标平台上。在本章，我们将先对代理内核的工作原理和 PKE 实验的构成进行介绍；然后阐述如何构建 PKE 实验的本地开发环境，以及使用在线开发和评测环境的方法；最后简要列举完成 PKE 实验会用到的相关工具软件及其使用方法。

2.1 PKE 实验简介

本节首先对代理内核的工作原理进行介绍，并在此基础上介绍 PKE 实验的构成。

2.1.1 代理内核的工作原理

代理内核是操作系统内核的一种，但区别于传统的宏内核（Monolithic Kernel）和微内核（Microkernel），它的实质是和主机"伴生"的操作系统。采用代理内核的计算机系统架构如图 2-1 所示。

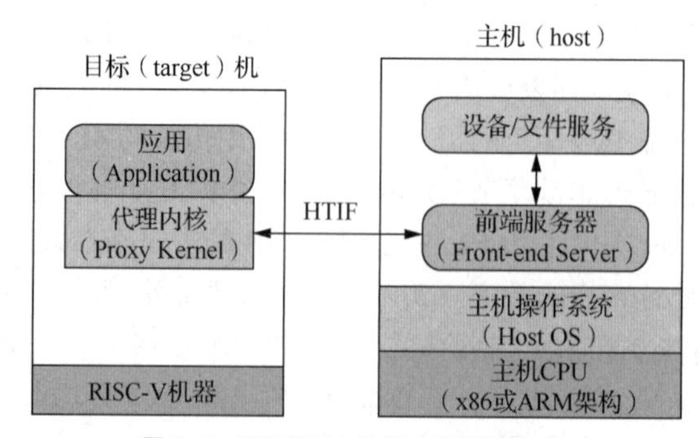

图 2-1 采用代理内核的计算机系统架构

从图 2-1 可以看到，代理内核仅运行在目标机上，它的功能非常单一：只需要支撑目标机上应用的执行即可。在图 2-1 中，目标机和主机可以是采用不同的指令集的机器，图 2-1 中的主机采用了 x86（例如，Intel 和 AMD 的处理器）或者 ARM（例如，苹果的

M1 处理器）指令集，而目标机则采用了 RISC-V 指令集。我们可以在主机上运行主流的 Linux 操作系统，从而获得丰富的应用和软件工具，而在目标机环境中运行我们自己开发的代理内核和应用。在运行过程中，目标机和主机之间通过 HTIF 进行通信。这样，当运行在目标机中的应用需要操纵设备（如向屏幕上输出一串字符）或者访问主机上的文件时，可以将它的需求（通过系统调用）传递给代理内核，后者通过 HTIF 将这些需求（通过消息）传递给在主机上运行的前端服务器，最后由前端服务器完成真正的设备操纵或文件访问。

采用代理内核的思想来进行教学用操作系统内核的开发，有着诸多好处。

- 统一内核开发的目标平台

我们可以为目标机选择不同于主机环境的指令集，这意味着内核的开发可以统一到一个目标平台，选择固定的指令集（如 PKE 实验选择 RISC-V 指令集），而不用考虑读者的实际开发平台（如读者所用的笔记本电脑）的具体情况。

- 对设备的访问不再成为障碍

由于历史的发展和设备总线标准的进化，现代计算机系统对设备进行访问往往是比较复杂的，早已脱离了采用独立 I/O 指令和固定端口（8086 宏汇编语言所讲述的方式）来访问设备的模式；而且，不同的设备可能需要采用不同的方式（如不同的内存映射地址）进行访问。作为系统软件，操作系统内核一开始就要和设备打交道，这就很有可能使得内核的开发从一开始就陷入设备操纵的细节，而无法聚焦到“操作系统”课程所讲授的核心知识点上。由于在采用代理内核的计算机系统架构中，目标机和主机间的 HTIF 使得目标机的设备被虚拟成了通信接口，与具体的设备无关，因此操作系统内核的开发不再与具体的设备绑定，从而极大地简化了操作系统对设备的操纵，方便了读者对内核代码的理解。

- 代码极简化和开发过程循序渐进

代理内核的一个重要特征是一次只需要支持一个应用的执行，而不是像桌面操作系统那样需要做到大而全和同时支持一堆各种各样的应用。这一特征带来了两个好处：一个是可以做到代码的极简化，即内核开发时只需要提供所需支撑的应用的功能即可，省略不必要的开发工作；另一个是我们可以通过提升应用的复杂度来提升操作系统内核的复杂度。这样，我们就可以通过给出一组应用，来引导内核的开发，使得整个开发过程循序渐进。

PKE 实验所开发的操作系统内核（riscv-pke，本书称其为 PKE 内核）就采用了代理内核的思想，其运行的目标平台是由 Spike 模拟器模拟的、采用 RV64G 的目标机。除模拟 RISC-V 计算机环境外，Spike 还内嵌了前端服务器，并通过与目标机上运行的操作系统共享部分虚拟机内存的方法实现了 HTIF。在 PKE 实验中，图 2-1 所示的主机能够支撑 Spike 的运行即可，这一点主流 Linux 发行版（如 Ubuntu）都能做到。代理内核运行操作系统和应用可使用如下命令：

```
$ spike ./obj/riscv-pke ./obj/app_helloworld
```

其中，“spike”即 Spike 模拟器，“./obj/riscv-pke”是代理内核的二进制文件，所支持的应用为“./obj/app_helloworld”。该命令开始执行后，Spike 模拟器会模拟出一个 RISC-V 机器（实际上 Spike 模拟器可以通过命令行参数对该机器进行定制，默认情况下模拟出的机器拥有 2GB 的模拟内存，支持 RV64G 指令集），将代理内核的二进制文件（./obj/riscv-pke）加载到机器的模拟内存中，并将控制权交给代理内核的入口。接下来，代理内核将会载入应用（./obj/app_helloworld）并将其投入运行。

值得注意的是，在今天的计算机应用中，像图 2-1 所示的代理内核这种“伴生”结构并不罕见。例如我们知道，今天的云计算中大量运用虚拟机技术，用户可以通过终端控制台从云计算平台上租用一个客户机实例（Instance），在实例中部署自己所开发的应用。从客户机实例实际运行的云端服务器的角度来看，客户机实例就是一个“伴生”系统，此时，云端服务器的“主机操作系统”是虚拟机管理器（Virtual Machine Monitor，VMM），或者提供 KVM（Kernel Virtual Machine，内核虚拟机）的 Linux 操作系统。

另外，除了具有本书的 PKE 实验所开发的教学用途外，代理内核其实是非常有用的“工业软件”：它是用于验证开发的处理器的重要系统级手段。考虑这样的场景：某公司开发了一款采用 RISC-V 指令集的处理器，为了验证该处理器是否适用于它所面向的应用场景，该公司可以采用 FPGA（Field Programmable Gate Array，现场可编程门阵列）开发板，将开发的处理器以软核的形式部署在开发板的 PL（Programmable Logic，可编程逻辑）端，而在开发板的 PS（Processing System，处理系统）端运行标准的 Linux。在这一场景中，PS 端运行的标准的 Linux 就是图 2-1 所示的主机部分，而在 PL 端 RISC-V 软核处理器上运行应用程序就需要代理内核的支持了。通过代理内核所支持的应用进行系统级验证，该公司能够检测出自己所开发的 RISC-V 处理器可能出现的问题，在流片和生产之前解决这些问题，可以避免大量投资的损失（流片费用非常高昂）。

2.1.2 PKE 实验的构成

依据代理内核的特点，PKE 实验给出了一组应用来“驱动”教学用操作系统内核 riscv-pke 的开发，这组应用使得内核的开发涵盖了中断处理、内存管理、进程调度和文件系统等“操作系统原理”课程所讲授的核心知识点。对于这些知识点，我们一共设计了 4 组 PKE 实验与它们对应，PKE 实验的构成如图 2-2 所示。

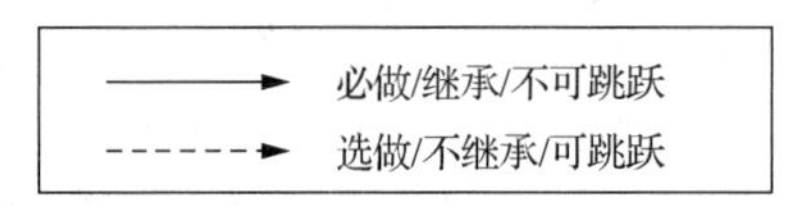

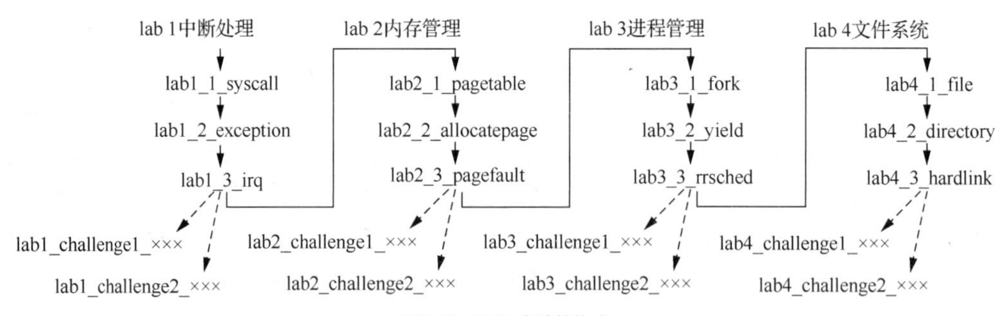

图 2-2　PKE 实验的构成

每一组 PKE 实验包含 3 个基础实验和至少 2 个挑战实验，图 2-2 显示了这些基础实验和挑战实验在 riscv-pke 的 Git 仓库（Repository）中所对应的分支（Branch）名字。对于每一组实验，riscv-pke 都提供了较为完备的基础代码，读者只需按照本书或代码内的提示，填写少量（1～10 行）代码即可完成基础实验。同时，将同一知识点中比较难的应用放到了挑战实验里，读者需要按照本书提示进行较多思考，并进行较多（一般在 50 行以内）代码改动后才能完成。

2.2　构建本地开发环境

在完成 PKE 实验的过程中，读者需要用到 Linux 环境、Spike 模拟器、RISC-V 交叉编译器等多种工具软件。虽然头歌实践教学网站提供了 PKE 实验的在线开发和评测环境，但我们仍然推荐读者在本地构建开发环境，并在本地开发环境中调试、通过后再到在线网站上进行评测。本节介绍本地开发环境的安装，在线开发和评测环境将在 2.3 节中介绍。

2.2.1　本地开发环境的方案选择

考虑到读者使用桌面环境的习惯不同，我们提供了 3 种本地开发环境的方案供读者选择。

方案一：Windows Subversion Linux（WSL）。

如果读者的桌面环境是 Windows 10 专业版，可采用 WSL 和 MobaXterm 的组合来搭建 PKE 实验的环境。WSL 的具体安装方法如下：首先打开 Windows 10 专业版的设置，打开“程序和功能”窗口[见图 2-3（a）]，接着打开“Windows 功能”窗口[见图 2-3（b）]，最后在该窗口列表框的底端勾选“适用于 Linux 的 Windows 子系统”。此后，按照 Windows 10 的提示，完成安装（可能会被要求重新启动系统）。

（a）Windows 10 的“程序和功能”窗口

（b）“Windows 功能”窗口

图 2-3　WSL 的具体安装方法

完成 WSL 的安装后，在 Windows 10 专业版自带的 Windows 应用商店（Microsoft Store）中下载并安装 Ubuntu 20.04.5 LTS（见图 2-4）。实际上，其他版本（版本号从 16.04 到 20.04）的 Ubuntu 也可以选择。虽然我们并未在更高版本的 Ubuntu 上进行过完整测试，但可能只是在安装支撑软件（见 2.2.2 小节）时，软件包的名字不太一样而已。需要注意的是，在本方案中，我们默认 Windows 10 专业版桌面运行在 64 位的 x86 处理器上。此外，安装 WSL 和 Ubuntu 会消耗系统盘（一般是 C 盘）上大量的空间，所以，安装前最好确保系统盘上有约 100GB 的可用空间。

在打开所安装的 Ubuntu 20.04.5 LTS 时，系统会弹出图 2-5（a）所示的窗口，提示安装完毕以及要求设置登录 Ubuntu 系统时的用户名和密码。读者可以设置一个自己能记住的用户名和密码的组合，设置完成就进入图 2-5（b）所示的窗口了。如果可以看到最后一行的命令提示符（即$符号），就表明系统安装成功了。

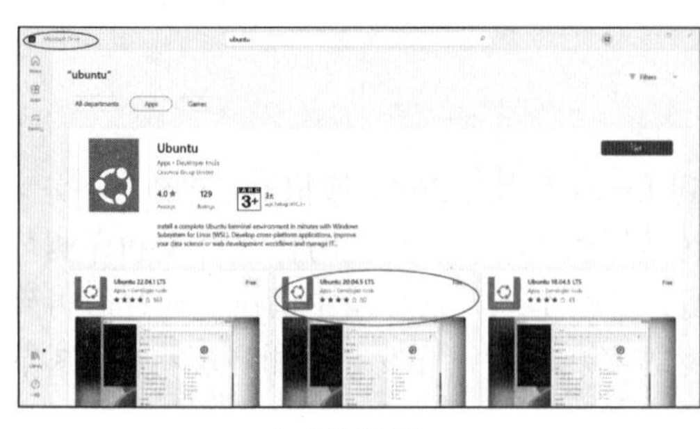

（a）搜索 Ubuntu

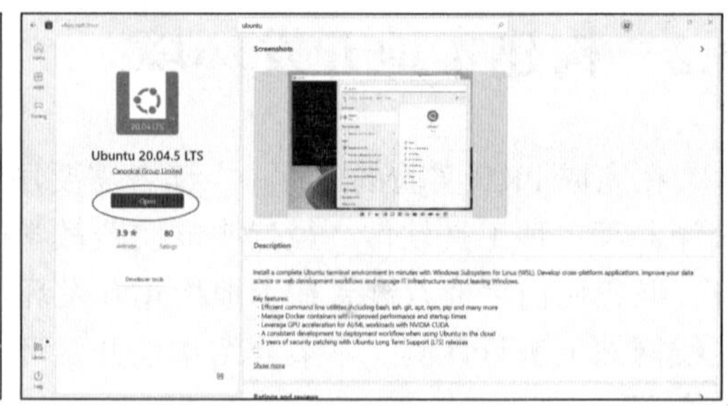

（b）安装并打开 Ubuntu 20.04.5 LTS

图 2-4　在 Windows 应用商店搜索、安装并打开 Ubuntu 20.04.5 LTS

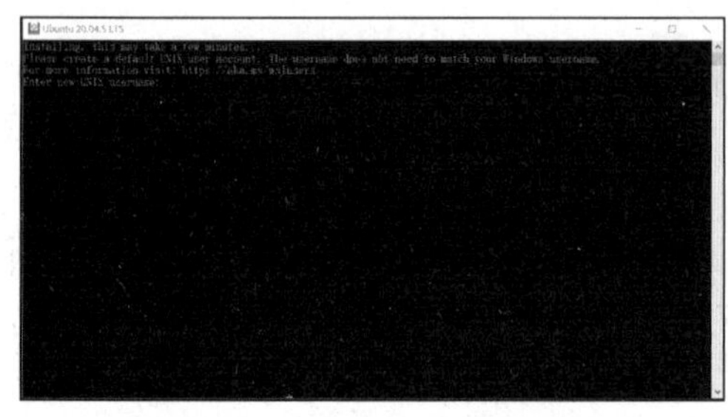

（a）设置登录 Ubuntu 系统时的用户名和密码

（b）进入 Ubuntu 系统

图 2-5　完成设置并进入 Ubuntu 系统

虽然图 2-5（b）所示的窗口能够支持完成基本的输入、输出，但我们推荐采用专业的 SSH（Secure Shell，安全外壳）终端（MobaXterm）连接 WSL 版本的 Ubuntu。读者可以从官方网站下载免费版本的 MobaXterm。下载并安装后，打开 MobaXterm 可以看到图 2-6（a）所示的界面，双击左侧的 WSL-Ubuntu 即可连接到我们刚安装的 Ubuntu 系统，如图 2-6（b）所示。

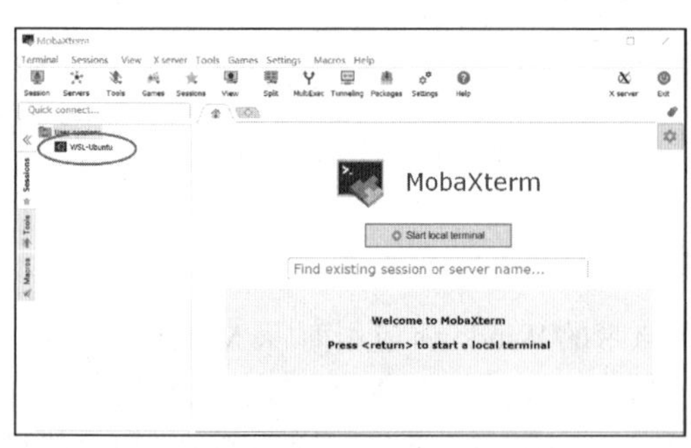

（a）打开 MobaXterm 软件

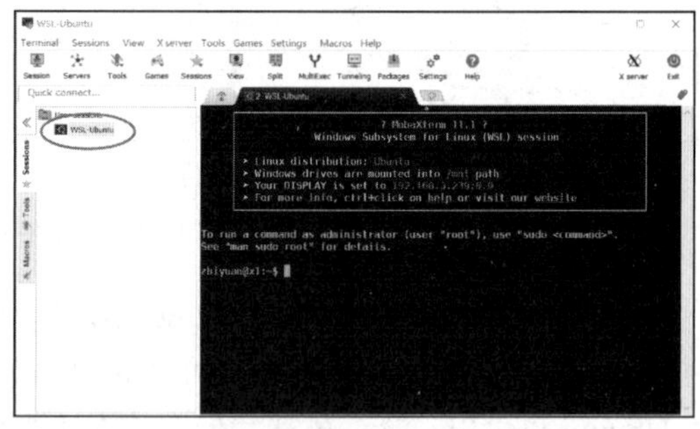

（b）连接 Ubuntu 系统

图 2-6　用 MobaXterm 连接 WSL 版本的 Ubuntu

看到图 2-6（b）所示的界面，就说明我们已经成功安装了 MobaXterm，而且已成功连接到了 WSL 版本的 Ubuntu，此时我们就可以阅读 2.2.2 小节的内容去安装支撑软件了。

方案二：虚拟机。

如果读者的桌面环境无法像 Windows 10 专业版那样很方便地提供 Linux 环境（如读者使用 Windows 的其他版本，或者 macOS 等），可以选择采用 VMwareWorkstation、VirtualBox 等虚拟机软件，在客户机环境中安装 Linux 环境。关于 Linux 环境的选择，我们推荐采用 Ubuntu 系列（Ubuntu 16.04 LTS 或更高版本）的 Linux 发行版。其他的 Linux

发行版（如 Arch Linux、RHEL 或者 openEuler 等），我们并未做过测试，但理论上只要将实验中所涉及的安装包替换成其他系统中的等效软件包，就可实现同样的效果。安装过程读者可以自行完成，因为参考资料很多，所以这里不赘述。

方案三：头歌实践教学网站。

我们在头歌实践教学网站上创建了 PKE 实验的同步实验课程，头歌平台提供的终端环境（Docker 虚拟机）中已完成实验所需软件工具的安装，所以如果读者是在头歌平台上选择本课程，则可跳过本节的实验环境搭建过程以及执行支撑软件的全部安装过程，直接通过终端（命令行）进入实验环境。头歌平台的使用方法请参见 2.3 节。但由于 PKE 实验主要借助头歌平台来进行是否通过实验的评测，使用头歌所提供的终端环境来进行源代码的调试可能会破坏用于评测的代码仓库，所以，除非读者能够清楚地记住对源代码做的所有改动，否则我们建议读者采用本地环境调试和头歌环境评测的组合来完成 PKE 实验。

2.2.2 安装支撑软件

PKE 实验的源代码的编译（Compile）、构建（Build）需要专门的 RISC-V 交叉编译器的支持，所构建的代理内核（及应用）的执行也需要专门的 RISC-V 模拟器（Spike）的支持。本节将介绍这些支撑软件的安装过程，需要说明的是，该安装过程适合操作系统环境为 WSL 或者虚拟机软件所支撑的 Ubuntu 发行版（如 Ubuntu 20.04.5 LTS）的情况（见 2.2.1 小节给出的方案一和方案二）。对于头歌实践教学网站（方案三），则无须对支撑软件进行任何安装操作。

为搭建 PKE 实验的开发环境，需在 Ubuntu 上进行如下操作：（1）安装基础 Linux 开发包；（2）安装 RISC-V 交叉编译器和 Spike 模拟器；（3）配置环境变量。以下分别介绍这 3 个操作。

（1）安装基础 Linux 开发包

PKE 实验的系统开发，涉及大量 Linux 上运行的软件包和工具库，如 Git、Make 等。在 Ubuntu 上，可以通过以下命令完成这些软件包和工具库的安装：

```
  $ sudo apt-get install git autoconf automake autotools-dev curl libmpc-dev
libmpfr-dev libgmp-dev gawk build-essential bison flex texinfo gperf libtool
patchutils bc zlib1g-dev libexpat-dev device-tree-compiler
```

如果所安装的 Linux 发行版不是 Ubuntu，只需简单把以上软件包的名字换成自己所选用的 Linux 发行版所对应的即可。

（2）安装 RISC-V 交叉编译器和 Spike 模拟器

如果读者选择的工作环境采用的是 64 位的 x86 处理器（在所安装的 Linux 环境中，执行命令“$ uname -a | grep x86_64”有输出），则可以通过下载预先构造的.tgz 包来完成 RISC-V 交叉编译器和 Spike 模拟器的安装（资源名称：riscv64-elf-gcc-20210923.tgz），通过以下命令解压该文件：

```
  $ tar xf riscv64-elf-gcc-20210923.tgz
```

解压完成，将在当前目录产生名为 riscv64-elf-gcc 的目录，该目录下包含 RISC-V 交叉编译器以及 Spike 模拟器。

如果读者选择的工作环境采用的不是 64 位的 x86 处理器（例如，苹果笔记本电脑采用 ARM 架构的 M1 处理器，此时在所安装的 Linux 环境中，执行命令“$ uname -a | grep x86_64”没有输出），则需要下载交叉编译器源码（资源名称：riscv-gnu-tool chain-clean.tar.tgz），自

行构建 RISC-V 交叉编译器和 Spike 模拟器。

首先下载 RISCV-packages/riscv-gnu-toolchain-clean.tar.gz 文件（文件大小约为 2.7GB），然后在 Ubuntu 环境下解压这个.tar.gz 文件，执行以下命令：

```
$ tar xf riscv-gnu-toolchain-clean.tar.gz
```

执行后就能够看到和进入当前目录下的 riscv-gnu-toolchain 文件夹了。接下来，就可以开始构建（build）RISC-V 交叉编译器了，执行以下命令：

```
$ cd riscv-gnu-toolchain
$ ./configure --prefix=[your.RISCV.install.path]
$ make
```

在以上命令中，[your.RISCV.install.path]指向的是你的 RISC-V 交叉编译器安装目录。如果安装目录是 home 目录下的一个子目录（如~/riscv-install-dir），则最后的 make install 无须 sudoer 权限；如果安装目录是系统目录（如/opt/riscv-install-dir），则需要 sudoer 权限（即在 make install 命令前加上 sudo）。

完成 RISC-V 交叉编译器的构建后，我们接着构建和安装 Spike 模拟器。下载资源（资源名称：spike-riscv-isa-sim.tar.gz），再用 tar 命令解压。解压后，将在本地目录中看到一个 riscv-isa-sim 目录。构建和安装过程执行以下命令：

```
$ cd riscv-isa-sim
$ ./configure --prefix=[your.RISCV.install.path]
$ make
$ make install
```

通过以上步骤，就完成了 RISC-V 交叉编译器和 Spike 模拟器的安装。

需要说明的是，RISC-V 交叉编译器是与 Linux 自带的 GCC 编译器类似的一套工具软件集合，不同的是，Linux 自带的 GCC 编译器会将源代码编译、链接成适合在本地运行的二进制代码（称为 native code），而 RISC-V 交叉编译器则会将源代码编译、链接成适合在 RISC-V 平台上运行的代码。后者大概率是无法在本地环境下（大多数笔记本电脑或台式计算机使用 64 位的 x86 处理器，不是 RISC-V 处理器）直接运行的，它的运行需要模拟器（我们采用的 Spike）的支持。

（3）配置环境变量

因为我们的 PKE 实验源代码可能放在任意目录，我们需要在任意目录可调用 RISC-V 交叉编译器和 Spike 模拟器。为了满足这一需要，我们需要将这些工具所在的位置加入 Linux 的系统路径（PATH 环境变量）中。执行以下命令：

```
$ export RISCV=[your.RISCV.install.path]
$ export PATH=$PATH:$RISCV/bin
```

其中，[your.RISCV.install.path]指向构建和安装 RISC-V 交叉编译器和 Spike 模拟器的目录，如果读者是通过解压 riscv64-elf-gcc-20210923.tgz 文件进行安装的，则[your.RISCV.install.path]指向 riscv64-elf-gcc 所在的路径（加上 riscv64-elf-gcc 字符串）。

建议读者将以上两个 export 命令，加入~/.bashrc、~/.profile 或 /etc/profile 文件的末尾。这样，每次重新启动（并打开终端程序）后，系统会自动设置这两个环境变量，就不用每次手动执行以上命令了。

2.2.3 PKE 实验代码的获取

在以下讨论中，我们假设读者使用的是 Ubuntu 操作系统，且已按照 2.2.2 小节的说明安装了需要的支撑软件。对于头歌实践教学网站而言，实验代码已经部署到实验环境，读者可以通过头歌实践教学网站界面或者界面上的“命令行”选项看到实验代码，所以头歌平台用户无须考虑代码获取问题。

1. 代码获取

下载 riscv-pke 的实验代码压缩文件（资源名称：riscv-pke.tar.gz），然后解压：

```
$ tar xf riscv-pke.tar.gz
$ cd riscv-pke
```

切换到 lab1_1_syscall 分支（因为 lab1_1_syscall 是默认分支，这里也可以不切换）：

```
$ git checkout lab1_1_syscall
```

在代码的根目录中有以下文件：

（1）Makefile 文件，它是 make 命令使用的“自动化编译”脚本；

（2）LICENSE.txt 文件，它是 PKE 实验的版权文件，里面包含所有参与 riscv-pke 开发的人员信息。riscv-pke 是开源软件，你可以以任意方式自由地使用，前提是使用时包含 LICENSE.txt 文件；

（3）README.md 文件，它是一个简要的英文版代码说明。

在根目录中还有一些子目录，包括：

（1）kernel 目录包含 riscv-pke 内核的部分代码；

（2）spike_interface 目录包含 riscv-pke 内核与 Spike 模拟器的接口代码（如设备树 DTB、主机设备接口 HTIF 等），用于接口的初始化和调用；

（3）user 目录包含实验给定应用（如 lab1_1 中的 app_helloworld.c），以及用户态的程序库文件（如 lab1_1 中的 user_lib.c）；

（4）util 目录包含一些内核和用户程序公用的代码，如字符串处理（string.c）、类型定义（types.h）等。

2. 环境验证

在代码的根目录（进入 riscv-pke 目录后）执行以下构造命令，应看到如下输出：

```
$ make
compiling util/snprintf.c
compiling util/string.c
linking  obj/util.a ...
Util lib has been build into "obj/util.a"
compiling spike_interface/dts_parse.c
compiling spike_interface/spike_htif.c
compiling spike_interface/spike_utils.c
compiling spike_interface/spike_file.c
compiling spike_interface/spike_memory.c
linking  obj/spike_interface.a ...
Spike lib has been build into "obj/spike_interface.a"
compiling kernel/syscall.c
compiling kernel/elf.c
compiling kernel/process.c
compiling kernel/strap.c
compiling kernel/kernel.c
compiling kernel/machine/minit.c
compiling kernel/strap_vector.S
compiling kernel/machine/mentry.S
linking obj/riscv-pke ...
PKE core has been built into "obj/riscv-pke"
```

```
compiling user/app_helloworld.c
compiling user/user_lib.c
linking obj/app_helloworld ...
User app has been built into "obj/app_helloworld"
```

如果环境安装不正确（如缺少必要的支撑软件包），以上构造过程可能会在中间报错，如果碰到报错情况，请根据 2.2.2 小节检查实验环境。构造完成，在代码根目录中会出现一个 obj 子目录，该子目录包含构造过程中所生成的所有对象文件（.o 文件）、编译依赖文件（.d 文件）、静态库文件（.a 文件）和最终目标 ELF 文件（如 obj/riscv-pke 和 obj/app_helloworld）。

这时，我们可以尝试借助 riscv-pke 内核运行 app_helloworld 的“Hello world!”程序：

```
$ spike ./obj/riscv-pke ./obj/app_helloworld
In m_start, hartid:0
HTIF is available!
(Emulated) memory size: 2048 MB
Enter supervisor mode...
Application: ./obj/app_helloworld
Application program entry point (virtual address): 0x0000000081000000
Switching to user mode...
call do_syscall to accomplish the syscall and lab1_1 here.

System is shutting down with exit code -1.
```

如果能看到以上输出，说明 riscv-pke 的代码获取（和环境验证）已经完成，可以开始实验了。

2.3 使用在线开发和评测环境

PKE 实验在头歌实践教学网站上进行了部署。

读者可以登录头歌平台，选择平台主页左上角的“实践课程”，然后在搜索框中输入“**基于 RISCV 的操作系统实验**”，单击“搜索”，找到 PKE 实验对应的实践课程（见图 2-7 和图 2-8）。进入课程后，可以先阅读课程实验说明，在找到课程下的实验后就可以通过单击“开始实战”来进行实验了（见图 2-9）。

图 2-7　头歌平台登录界面

图 2-8　头歌平台搜索界面

开始实战后，会看到图 2-10 所示的界面。在该界面中，左侧显示的是实验的任务描述以及相关知识链接。右侧是实验要用到（修改）的源代码文件，在右侧界面的顶端，有一个“命令行”标签，单击该标签可进入命令行模式；单击顶端的右侧的文件夹图标后会出现整个文件的目录树，读者可以通过目录树选择要阅读的文件；在右下角有一个“评测”按钮，读者可以在完成实验后单击该按钮对自己的实验结果进行评测。

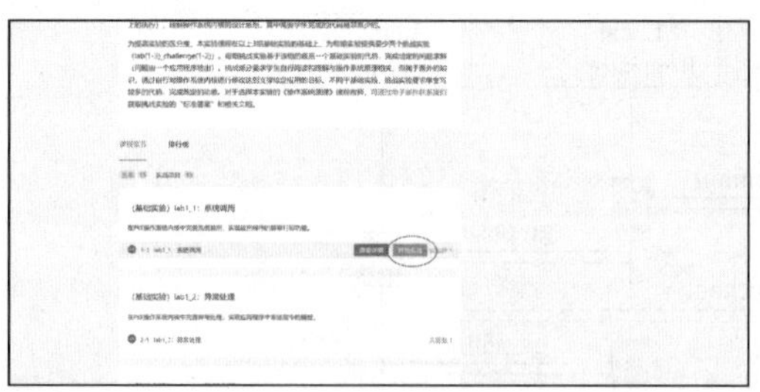

图 2-9　头歌平台选课界面

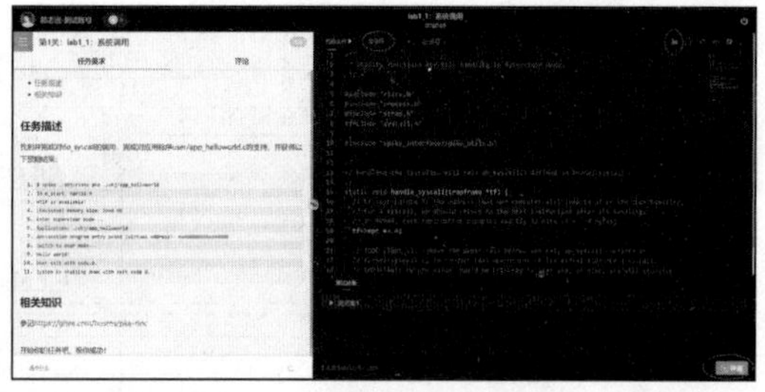

图 2-10　头歌平台实战界面

实际上，读者看到的这个界面背后是一个 Linux Docker 虚拟机，在该虚拟机中已经安装好了实验所需要的环境，包括各种开发工具包、RISC-V 交叉编译器等。而“评测”按钮被单击后，会触发虚拟机中的构建脚本，该脚本会自动对代码树进行构建，执行给定的用户程序（如 lab1_1 中的 user/app_helloworld），最后根据输出的内容对实验结果的正确性进行评测。

然而，由于在头歌平台上的每个实验都对应了一个独立的代码仓库，所以从一个实验切换到另一个实验时无法通过 git merge 命令实现对上一个实验的实验结果的继承。读者在进行实验切换时，需要将之前实验的代码手动地贴入下一个实验的对应文件中。这一点，我们在课程的“课程须知”中做了说明。一个比较好的方法是采用类似 Notepad++的软件，记录每个实验的答案（包括答案所在的文件），并在切换到下一个实验时，将答案复制并粘贴到对应文件中。

2.4　相关工具软件

PKE 实验将涉及 Linux 环境下较多工具软件的使用，本节将列出一些我们认为比较重要的工具软件，并简要介绍其使用方法。详细的使用方法，读者可以通过阅读这些工具软件的使用手册进一步学习。

2.4.1　源代码版本管理工具 Git

Git 是一个开源的分布式版本管理工具，对于一个本地仓库，可以使用如下命令创建：

```
$git init
```

对已存在文件进行版本控制，可以使用如下命令：

```
$git add *.c
$git add LICENSE
$git commit -m 'Initial project version'
```

对于一个远程的 Git 仓库，如果想要把代码复制到本地，需要使用 git clone 命令：

```
$git clone url
```

当 git clone 命令执行完成，就可得到本地的工作目录，进入该目录，每个文件都有两种状态：tracked 和 untracked。状态为 tracked 的文件是指那些被纳入了版本控制的文件，在上一次快照中有它们的记录，在工作一段时间后，它们的状态可能是未修改、已修改或已放入暂存区。简而言之，状态为 tracked 的文件就是 Git 已经知道的文件。Git 仓库中文件的状态转换如图 2-11 所示。

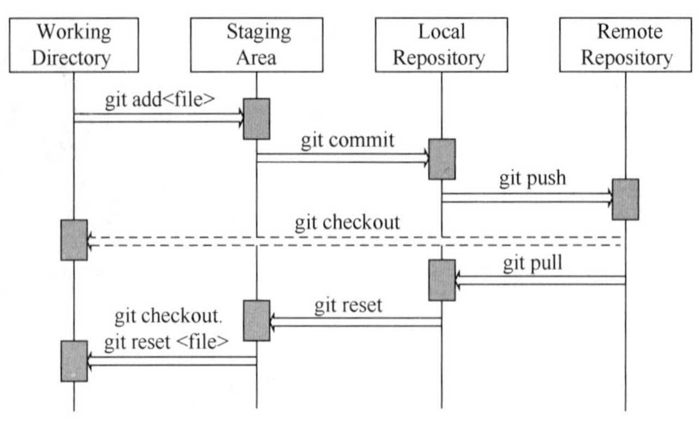

图 2-11　Git 仓库中文件的状态转换

使用 git status 可以查看目录下文件的状态：

```
$ git status
```

使用 add 命令可以递归地跟踪目录下的所有文件或暂存已修改的文件：

```
$ git add fileName/directory
```

使用 commit 命令可以提交更新：

```
$ git commit -m "commit information"
```

● 分支相关命令

查看分支：

```
$ git branch
```

切换到本地分支 dev：

```
$ git checkout dev
```

将分支 dev 合并到当前分支：

```
$ git merge dev
```

● 调试相关命令

查看历史提交信息：

```
$ git log
```

查看每次提交的提交日期的差异，-2 选项表示只查看最近的两次提交：

```
$ git log -p -2
```

查看每次提交的简略统计信息：

```
$ git log --stat
```

格式化 log 输出：

```
$ git log --pretty=oneline [short、full、fuller]   //用一行显示每一次提交
$ git log --pretty=format:"%h - %an, %ar : %s"
```

2.4.2　RISC-V 交叉编译器

● 编译工具：riscv64-unknown-elf-gcc

命令格式：riscv64-unknown-elf-gcc [options] file。

常见选项如下。

-o：Place the output into （指定输出文件的名称）。

-E：Preprocess only; do not compile, assemble or link（预处理）。

-S：Compile only; do not assemble or link（编译）。

-c：Compile and assemble, but do not link（汇编）。

举例如下。

使用-o 选项，指定输出文件名称为 hello：

```
$ riscv64-unknown-elf-gcc  hello.cpp  -o hello
```

使用-E 选项，输出预处理阶段的 hello.i 文件：

```
$ riscv64-unknown-elf-gcc -E hello.cpp  -o hello.i
```

使用-S 选项，输出编译阶段的 hello.s 文件：

```
$ riscv64-unknown-elf-gcc -S hello.cpp -o hello.s
```

使用-c 选项，输出二进制文件 hello.o：

```
$ riscv64-unknown-elf-gcc -c hello.s  -o hello.o
```

● 汇编工具：riscv64-unknown-elf-as

命令格式：riscv64-unknown-elf-as [option...] [asmfile...]。

该工具用于编译汇编源文件到目标文件，例如：

```
$ riscv64-unknown-elf-as hello.S -o hello.o
```

● ELF 查看工具：riscv64-unknown-elf-objdump

命令格式：riscv64-unknown-elf-objdump <option(s)> <file(s)>。

常见选项如下。

-h：Display the contents of the section headers（显示 section headers 的内容）。

-f：Display the contents of the overall file header（显示整体 file header 的内容）。

举例如下。

查看对象文件所有的节（section）：

```
$riscv64-unknown-elf-objdump -h elf_file
```

（可能的）输出如下：

```
hello_elf:   file format elf64-littleriscv
Sections:
Idx Name     Size   VMA         LMA         File off Algn
 0 .text     000024cc 00000000000100b0 00000000000100b0 000000b0 2**1
         CONTENTS, ALLOC, LOAD, READONLY, CODE
 1 .rodata    0000000a 0000000000012580 0000000000012580 00002580 2**3
         CONTENTS, ALLOC, LOAD, READONLY, DATA
 2 .eh_frame   00000004 000000000001358c 000000000001358c 0000258c 2**2
         CONTENTS, ALLOC, LOAD, DATA
 3 .init_array  00000010 0000000000013590 0000000000013590 00002590 2**3
         CONTENTS, ALLOC, LOAD, DATA
 4 .fini_array  00000008 00000000000135a0 00000000000135a0 000025a0 2**3
         CONTENTS, ALLOC, LOAD, DATA
 5 .data     00000f58 00000000000135a8 00000000000135a8 000025a8 2**3
         CONTENTS, ALLOC, LOAD, DATA
 6 .sdata    00000040 0000000000014500 0000000000014500 00003500 2**3
         CONTENTS, ALLOC, LOAD, DATA
 7 .sbss     00000020 0000000000014540 0000000000014540 00003540 2**3
         ALLOC
 8 .bss     00000068 0000000000014560 0000000000014560 00003540 2**3
         ALLOC
 9 .comment   00000011 0000000000000000 0000000000000000 00003540 2**0
         CONTENTS, READONLY
 10 .riscv.attributes 00000035 0000000000000000 0000000000000000 00003551
2**0
         CONTENTS, READONLY
```

可以看到一个节在文件中对应的属性有 6 个，其中“Name”列为该节的名字，“Size”

列为该节的大小，“VMA”列为该节期望从中执行的内存地址，“LMA”列为加载到内存的内存地址，“File off”列为该节在文件中的偏移量，“Algn”列则用于实现字节对齐。

显示文件的摘要信息，包括 start address：

```
$riscv64-unknown-elf-objdump -f elf_file
```

（可能的）输出如下：

```
hello_elf:   file format elf64-littleriscv
architecture: riscv:rv64, flags 0x00000112:
EXEC_P, HAS_SYMS, D_PAGED
start address 0x00000000000100c2
```

2.4.3 RISC-V 模拟器 Spike

命令格式：spike [host options] [target options]。

常见选项如下。

-m：Provide MiB of target memory [default 2048]（提供 MiB 内存）。

--isa= RISC-V：ISA string [default RV64IMAFDC]（设置 ISA）。

Spike 是 RISC-V 模拟器，我们将需要使用它结合 PKE 运行我们的二进制程序，例如：

```
$ spike ./obj/riscv-pke ./obj/app_helloworld
```

Spike 默认提供的内存为 2048MiB，使用-m 选项可以指定内存大小（单位是 MiB），例如使用以下命令：

```
$ spike -m1024 ./obj/riscv-pke ./obj/app_helloworld
```

就可以将模拟出来的 RISC-V 机器的内存大小指定为 1024MiB。

RISC-V 是一个可扩展指令集，Spike 默认支持的 ISA 为 RV64IMAFDC，我们可以通过--isa 选项设置模拟出来的 RISC-V 机器的 ISA，例如使用以下命令：

```
$ spike --isa=RV64GCV ./obj/riscv-pke ./obj/app_helloworld
```

我们可以将目标机器的 ISA 指定为 RV64GCV。

2.4.4 Linux 文件查看工具 file

命令格式：file [OPTION...] [FILE...]。

file 命令用于辨识文件类型，例如：

```
$ file ./obj/app_helloworld
```

我们将看到以下输出：

```
./obj/app_helloworld: ELF 64-bit LSB executable, UCB RISC-V, version 1 (SYSV), statically linked, with debug_info, not stripped
```

这个输出表明./obj/app_helloworld 文件是一个可执行的二进制代码文件（ELF 文件），该文件采用了 RISC-V 指令集且为静态链接所生成。

第 3 章 实验 1——中断处理

3.1 实验 1 的基础知识

本章我们将首先介绍 RISC-V 程序的编译和链接以及 ELF 文件的基础知识，接着讲述 riscv-pke 操作系统内核的启动原理，最后开始实验 1 的 3 个基础实验。

3.1.1 RISC-V 程序的编译和链接

下面，我们将简要介绍 RISC-V 程序的编译和链接的相关知识。这里，我们假设读者已经按照第 2 章的要求完成了基于 Ubuntu 的开发环境构建。在 PKE 实验的开发环境中，我们的开发用主机一般是采用 x86 指令集的 Intel 处理器，而目标机则是通过模拟器（Spike）所构建的 RISC-V 机器，这就需要我们采用运行在主机上的 RISC-V 交叉编译器，将源代码（包括 PKE 操作系统内核及应用程序）编译和链接成适合在 RISC-V 目标环境中运行的二进制代码。虽然 RISC-V 交叉编译器和主机环境下的 GCC 属于同一套体系，但它的使用和输出还是与 GCC 有些细微的不同，所以有必要对它进行一定的了解。

实际上，采用 RV64G 指令集的 RISC-V 体系结构（参见第 1 章的内容）跟传统的 x86 或者 ARM 体系结构非常类似（从采用精简指令集这个角度，跟 ARM 体系结构更加类似一些），从软件层面上来看也没有什么不同。所以，为 RISC-V 体系结构编写、编译和链接程序，以及 ELF 文件的结构这些基础知识，读者可以从“计算机系统基础”课程的教材里找到，以下的讲解我们将更侧重于在 PKE 实验里可能碰到的问题。

我们知道，采用 C 语言编写一个应用的过程大概可以归纳如下：首先，编辑源文件（.c 文件）；接下来，将源文件编译为对象文件（.o 文件）；最后，将对象文件链接为可执行（Executable）文件。当然，在编译过程中，可能会出现语法错误；在链接过程中，也可能出现符号找不到或函数未定义的错误，这些错误都需要我们回到源代码中修正或者链接命令行来进行修正，并最终得到符合预期的应用程序。

（1）编辑

例如，我们有以下简单的 Hello world!程序（在当前目录编辑 helloworld.c 文件）：

```
1 #include <stdio.h>
2
3 int main()
4 {
5   printf( "Hello world!\n" );
6   return 0;
7 }
```

（2）编译

使用交叉编译器对（1）中的程序进行编译：

```
$ riscv64-unknown-elf-gcc -c ./helloworld.c
```

以上命令中-c 选项告诉 riscv64-unknown-elf-gcc 命令只对源代码做编译，即进行 compile 动作。如果不加该选项，默认将对源文件进行“编译+链接”动作，直接生成可执行文件。

该命令执行后，将在当前目录生成 helloworld.o 文件，使用 file 命令查看该文件的信息：

```
$ file ./helloworld.o
./helloworld.o: ELF 64-bit LSB relocatable, UCB RISC-V, version 1 (SYSV),
not stripped
```

可以看到，helloworld.o 文件的属性如下。

① ELF 64-bit：64 位的 ELF 文件。

② LSB：低位有效，即低地址存放最低有效字节。

③ relocatable：可浮动代码，意味着该 ELF 文件中的符号并无指定的虚拟地址。

④ UCB RISC-V：代码的目标指令集为 RISC-V 指令集。

⑤ version 1 (SYSV)：说明该 ELF 文件是 SYSV 版本的，即 ELF 文件头中的 e_ident [EI_OSABI]字段设置为 0。

⑥ not stripped：说明该 ELF 文件保留了程序中的符号表（symbol table）。符号（symbol）广泛存在于我们编写的源程序中，编译器会把所有函数名、变量名处理为符号。例如，helloworld.c 中的 main 就是一个符号。

（3）链接

我们对生成的目标文件进行链接：

```
$ riscv64-unknown-elf-gcc -o ./helloworld ./helloworld.o
```

该命令将在当前目录生成 helloworld 文件，我们仍然使用 file 命令查看该文件的信息：

```
$ file ./helloworld
./helloworld: ELF 64-bit LSB executable, UCB RISC-V, version 1 (SYSV),
statically linked, not stripped
```

对比 helloworld.o 文件，我们发现 helloworld 文件是可执行文件，其中的代码不是可浮动代码，也就是说，已经通过链接给源代码中的符号指定好了虚拟地址。另外，statically linked 说明 helloworld 程序是通过静态链接生成的。实际上，newlib 版本的 RISC-V 交叉编译器（也就是我们用的 riscv64-unknown-elf-gcc）默认会将输入程序与它自带的静态库进行链接，从而生成直接可以在 RISC-V 机器上执行的可执行代码。具体到 helloworld.c 程序，它所调用的 printf()函数将从 RISC-V 交叉编译器的静态库中获得，并在最终生成的./helloworld 中注入 printf()函数的实现。这样，./helloworld 的执行将无须依赖其他动态库，避免了二进制程序因缺少二进制库而无法执行的问题。PKE 实验将采用静态链接的方法生成所有的二进制文件。

接下来，我们了解一下 helloworld 的结构。首先通过 riscv64-unknown-elf-readelf -h 命令，了解该 ELF 文件的文件头信息：

```
$ riscv64-unknown-elf-readelf -h ./helloworld
ELF Header:
  Magic:   7f 45 4c 46 02 01 01 00 00 00 00 00 00 00 00 00
  Class:                             ELF64
  Data:                              2's complement, little endian
  Version:                           1 (current)
  OS/ABI:                            UNIX - System V
  ABI Version:                       0
  Type:                              EXEC (Executable file)
  Machine:                           RISC-V
  Version:                           0x1
  Entry point address:               0x100c0
  Start of program headers:          64 (bytes into file)
  Start of section headers:          19440 (bytes into file)
  Flags:                             0x5, RVC, double-float ABI
  Size of this header:               64 (bytes)
  Size of program headers:           56 (bytes)
  Number of program headers:         2
  Size of section headers:           64 (bytes)
  Number of section headers:         15
  Section header string table index: 14
```

从以上输出我们可以看到，helloworld 包含 2 个程序段（program），以及 15 个程序节（sections），它的入口地址为 0x100c0。

接下来，我们可以通过 riscv64-unknown-elf-readelf -S 命令了解 helloworld 可执行程序包含哪些程序节：

```
$ riscv64-unknown-elf-readelf -S ./helloworld
There are 15 section headers, starting at offset 0x4bf0:

Section Headers:
  [Nr] Name              Type             Address           Offset
       Size              EntSize          Flags  Link  Info  Align
  [ 0]                   NULL             0000000000000000  00000000
       0000000000000000  0000000000000000           0     0     0
  [ 1] .text             PROGBITS         00000000000100b0  000000b0
       00000000000024ca  0000000000000000  AX       0     0     2
  [ 2] .rodata           PROGBITS         0000000000012580  00002580
       0000000000000012  0000000000000000   A       0     0     8
  [ 3] .eh_frame         PROGBITS         0000000000013594  00002594
       0000000000000004  0000000000000000  WA       0     0     4
  [ 4] .init_array       INIT_ARRAY       0000000000013598  00002598
       0000000000000010  0000000000000008  WA       0     0     8
  [ 5] .fini_array       FINI_ARRAY       00000000000135a8  000025a8
       0000000000000008  0000000000000008  WA       0     0     8
  [ 6] .data             PROGBITS         00000000000135b0  000025b0
       0000000000000f58  0000000000000000  WA       0     0     8
  [ 7] .sdata            PROGBITS         0000000000014508  00003508
       0000000000000040  0000000000000000  WA       0     0     8
  [ 8] .sbss             NOBITS           0000000000014548  00003548
       0000000000000020  0000000000000000  WA       0     0     8
  [ 9] .bss              NOBITS           0000000000014568  00003548
       0000000000000068  0000000000000000  WA       0     0     8
```

```
  [10] .comment           PROGBITS         0000000000000000  00003548
       0000000000000011  0000000000000001  MS       0     0     1
  [11] .riscv.attributes RISCV_ATTRIBUTE  0000000000000000  00003559
       0000000000000035  0000000000000000           0     0     1
  [12] .symtab           SYMTAB           0000000000000000  00003590
       0000000000000f48  0000000000000018          13    78     8
  [13] .strtab           STRTAB           0000000000000000  000044d8
       0000000000000695  0000000000000000           0     0     1
  [14] .shstrtab         STRTAB           0000000000000000  00004b6d
       000000000000007e  0000000000000000           0     0     1
Key to Flags:
  W (write), A (alloc), X (execute), M (merge), S (strings), I (info),
  L (link order), O (extra OS processing required), G (group), T (TLS),
  C (compressed), x (unknown), o (OS specific), E (exclude),
  p (processor specific)
```

以上输出中比较重要的节及其含义如下：.text 节表示可执行节，.rodata 节表示只读数据节，.data 节、.sdata 节、.sbss 节以及.bss 节都可以视为 helloworld 程序的数据段（.data 节为数据节，.sdata 节为精简数据节，.bss 节为未初始化数据节，.sbss 节为精简未初始化数据节）。其他的节，如.symtab 节为符号节，即程序中出现的符号（如 main()函数）列表；.strtab 节为程序中出现的字符串列表等。

由于 helloworld 是可执行程序，且根据 riscv64-unknown-elf-readelf -h 命令的输出，我们已知该程序有两个程序段，接下来我们通过 riscv64-unknown-elf-readelf -l 查看该可执行程序的程序段组成：

```
$ riscv64-unknown-elf-readelf -l ./helloworld

 Elf file type is EXEC (Executable file)
 Entry point 0x100c0
 There are 2 program headers, starting at offset 64

 Program Headers:
     Type           Offset             VirtAddr           PhysAddr
                  FileSiz            MemSiz              Flags  Align
     LOAD           0x0000000000000000 0x0000000000010000 0x0000000000010000
                  0x0000000000002592 0x0000000000002592  R E    0x1000
     LOAD           0x0000000000002594 0x0000000000013594 0x0000000000013594
                  0x0000000000000fb4 0x000000000000103c  RW     0x1000

 Section to Segment mapping:
  Segment Sections...
   00     .text .rodata
   01     .eh_frame .init_array .fini_array .data .sdata .sbss .bss
```

以上输出表明，helloworld 的两个段，其中一个（00）是由.text 节和.rodata 节所组成的（可执行代码段），另一个（01）是由.eh_frame 节、.init_array 节、.fini_array 节、.data 节、.sdata 节、.sbss 节以及.bss 节所组成的（数据段）。读者可以思考：helloworld 文件中为什么没有出现堆栈（.stack）段呢？

为了对 helloworld 文件进行进一步理解，我们使用 objdump 命令将它进行反汇编处理（使用-D 选项反汇编所有的段），并列出 3 个有效段（省略辅助段，也省略 GCC 加入的一些辅助函数和辅助数据结构）：

```
$ riscv64-unknown-elf-objdump -D ./helloworld | less

./helloworld:     file format elf64-littleriscv
```

```
Disassembly of section .text:

000000000001014e <main>:
   1014e:       1141                    addi    sp,sp,-16
   10150:       e406                    sd      ra,8(sp)
   10152:       e022                    sd      s0,0(sp)
   10154:       0800                    addi    s0,sp,16
   10156:       67c9                    lui     a5,0x12
   10158:       58078513                addi    a0,a5,1408 # 12580 <__errno+0xc>
   1015c:       1c0000ef                jal     ra,1031c <puts>
   10160:       4781                    li      a5,0
   10162:       853e                    mv      a0,a5
   10164:       60a2                    ld      ra,8(sp)
   10166:       6402                    ld      s0,0(sp)
   10168:       0141                    addi    sp,sp,16
   1016a:       8082                    ret
      ...
```

实际上，由于 helloworld 是静态链接文件，里面的内容非常繁杂，以上输出中的 main 函数是我们在 riscv64-unknown-elf-objdump -D ./helloworld 的输出中抽取出来的，可以用于观察从 helloworld.c 中 C 源文件到 RISC-V 汇编的转换。首先，我们可以看到 main 函数对应的虚拟地址为 000000000001014e，读者可以思考一下为什么它不是 riscv64-unknown-elf-readelf -h ./helloworld 命令输出中的程序入口地址 0x100c0?

另外，我们看到 main 函数中进行的 printf 调用实际上转换成了对 puts 函数的调用，而我们并未实现该函数。这是因为采用 riscv64-unknown-elf-gcc 对源程序进行的编译和链接，实际上是静态链接，也就是会将应用程序中的常用函数调用转换为编译器自带的程序库的调用，并在最终生成的 ELF 文件中带入自带的程序库中的实现。对于 printf，编译器在对其字符串参数进行转化后就自然将它的调用转换为对 puts 库函数的调用了，这也是我们在反汇编的代码中找不到 printf 的原因。

通过以上讲解，可以看到 RISC-V 程序的编译和链接的过程其实跟我们在 x86 平台上编写、编译和链接一个 C 语言程序的过程非常相似，唯一的不同是将以上的命令加上了 riscv64-unknown-elf-前缀，基本的过程是完全一样的。除此之外，我们生成的可执行文件（如以上的 helloworld）采用是 RISC-V 指令集（更准确地说，是 RV64G 指令集），是不能在我们的 x86 平台上直接执行的！也就是说，我们不能通过./helloworld 命令直接执行之前编写的 C 语言程序。

为了执行 helloworld 文件，我们需要：（1）一台支持 RISC-V 指令集的机器；（2）一个能够在该 RISC-V 机器上运行的操作系统。在 PKE 实验中，我们采用 Spike 模拟 RISC-V 机器以满足第一个要求；通过实验设计操作系统内核，以满足第二个要求。实际上，PKE 的实验设计正是从应用出发，考虑为给定应用设计“刚刚好”的内核，使给定应用能够在 Spike 模拟的 RISC-V 机器上正确地执行。

3.1.2 指定符号的虚拟地址

编译器在链接过程中的一个重要任务是为源程序中的符号赋予虚拟地址。例如，在 3.1.1 小节的例子中，我们通过 objdump 命令，得知 helloworld.c 源文件的 main()函数所对应的虚拟地址为 0x000000000001014e，而且对于任意 ELF 文件中的段或节而言，它的虚拟地址必然是从某个地址开始的一段连续地址空间。

那么，是否有办法指定某符号对应的虚拟地址呢？答案是有，但只能指定符号所在的段的起始虚拟地址，指定的方法是通过 lds 链接脚本实现。我们还是用 3.1.1 小节中的 helloworld.c 作为例子，另外创建和编辑一个 lds 链接脚本，即 helloworld_lds.lds 文件：

```
1 OUTPUT_ARCH( "riscv" )
2
3 ENTRY(main)
4
5 SECTIONS
6 {
7   . = 0x81000000;
8   . = ALIGN(0x1000);
9   .text : { *(.text) }
10   . = ALIGN(16);
11   .data : { *(.data) }
12   . = ALIGN(16);
13   .bss : { *(.bss) }
14 }
```

在该脚本中，我们规定了程序的目标指令集为 RISC-V（第 1 行）；入口地址为 main（第 3 行）。接下来，我们对程序的几个段地址进行了“规划”，其中代码段的首地址为 0x81000000（如果目标平台是 64 位的，编译器会对该虚拟地址的高地址位填 0），.data 节和.bss 节跟在.text 节之后；ALIGN(0x1000)表示按 4KB 对齐，ALIGN(16)表示按照 16 字节对齐。

为了避免库函数的“干扰”，我们将 3.1.1 中的 helloworld.c 代码进行了修改（helloworld_with_lds.c），去掉了 printf()的调用，转用一个赋值语句作为 main()函数的主体：

```
1 #include <stdio.h>
2
3 int main()
4 {
5   int global_var=0;
6   global_var = 1;
7   return 0;
8 }
```

采用以下命令对 helloworld_with_lds.c 进行编译：

```
$  riscv64-unknown-elf-gcc  -nostartfiles  helloworld_with_lds.c  -T helloworld_lds.lds -o helloworld_with_lds
```

并对重新生成的 helloworld_with_lds 文件进行查看：

```
$ riscv64-unknown-elf-readelf -h ./helloworld_with_lds
ELF Header:
  Magic:   7f 45 4c 46 02 01 01 00 00 00 00 00 00 00 00 00
  Class:                             ELF64
  Data:                              2's complement, little endian
  Version:                           1 (current)
  OS/ABI:                            UNIX - System V
  ABI Version:                       0
  Type:                              EXEC (Executable file)
  Machine:                           RISC-V
  Version:                           0x1
  Entry point address:               0x81000000
  Start of program headers:          64 (bytes into file)
  Start of section headers:          4424 (bytes into file)
```

```
  Flags:                              0x5, RVC, double-float ABI
  Size of this header:                64 (bytes)
  Size of program headers:            56 (bytes)
  Number of program headers:          1
  Size of section headers:            64 (bytes)
  Number of section headers:          7
  Section header string table index: 6
```

以上的输出表明，文件的入口地址变成了 0x81000000（也就是由 helloworld_lds.lds 所指定的地址）。另外，采用 riscv64-unknown-elf-objdump -D ./helloworld_with_lds 命令观察 helloworld_with_lds 文件中符号地址 main 所对应的虚拟地址，有以下输出：

```
$ riscv64-unknown-elf-objdump -D ./helloworld_with_lds | less

./helloworld_with_lds:     file format elf64-littleriscv

Disassembly of section .text:

0000000081000000 <main>:
    81000000:   1101                    addi    sp,sp,-32
    81000002:   ec22                    sd      s0,24(sp)
    81000004:   1000                    addi    s0,sp,32
    81000006:   fe042623                sw      zero,-20(s0)
    8100000a:   4785                    li      a5,1
    8100000c:   fef42623                sw      a5,-20(s0)
    81000010:   4781                    li      a5,0
    81000012:   853e                    mv      a0,a5
    81000014:   6462                    ld      s0,24(sp)
    81000016:   6105                    addi    sp,sp,32
    81000018:   8082                    ret
      ...
```

可以看到，main 函数成了 helloworld_with_lds 文件的真正入口（而不是 3.1.1 小节中的 helloworld 文件中 main 函数并不是该可执行程序的真正入口的情形）。

通过 lds 文件的办法控制程序中符号地址到虚拟地址的转换，对于 PKE 实验的第一组实验（lab1）而言，是一个很重要的知识点。因为在第一组实验中，我们将采用直接映射的办法完成应用程序中虚拟地址到实际物理地址的转换（我们在第二组实验中才会采用 RISC-V 的 Sv39 页式地址映射），所以需要提前对 PKE 的内核以及应用的虚拟地址进行“规划”。

3.1.3 代理内核的构造过程

这里我们讨论 lab1_1 中代理内核，以及其上运行的应用程序的构造（build）过程。PKE 实验采用 Linux 中广泛采用的 Make 软件包完成内核、支撑库，以及应用的构造。关于 Makefile 的编写，这里仅讨论 lab1_1 的 Makefile 及其对应的构造过程。实际上，PKE 的后续实验采用的 Makefile 跟 lab1_1 采用的非常类似，所以我们在后续章节中不再对它们的构造过程进行讨论。

我们首先观察 lab1_1 中位于根目录的 Makefile 文件（选取其中我们认为重要的内容）：

```
 8 CROSS_PREFIX    := riscv64-unknown-elf-
 9 CC              := $(CROSS_PREFIX)gcc
10 AR              := $(CROSS_PREFIX)ar
11 RANLIB          := $(CROSS_PREFIX)ranlib
```

```
12
13 SRC_DIR        := .
14 OBJ_DIR        := obj
15 SPROJS_INCLUDE  := -I.
16
...
26 #--------------------- utils -----------------------
27 UTIL_CPPS   := util/*.c
28
29 UTIL_CPPS  := $(wildcard $(UTIL_CPPS))
30 UTIL_OBJS  :=  $(addprefix $(OBJ_DIR)/, $(patsubst %.c,%.o,$(UTIL_CPPS)))
31
32
33 UTIL_LIB   := $(OBJ_DIR)/util.a
34
35 #--------------------- kernel -----------------------
36 KERNEL_LDS      := kernel/kernel.lds
37 KERNEL_CPPS     := \
38     kernel/*.c \
39     kernel/machine/*.c \
40     kernel/util/*.c
41
42 KERNEL_ASMS     := \
43     kernel/*.S \
44     kernel/machine/*.S \
45     kernel/util/*.S
46
47 KERNEL_CPPS     := $(wildcard $(KERNEL_CPPS))
48 KERNEL_ASMS     := $(wildcard $(KERNEL_ASMS))
49 KERNEL_OBJS     :=  $(addprefix $(OBJ_DIR)/, $(patsubst %.c,%.o,
$(KERNEL_CPPS)))
50 KERNEL_OBJS     +=  $(addprefix $(OBJ_DIR)/, $(patsubst %.S,%.o,
$(KERNEL_ASMS)))
51
52 KERNEL_TARGET = $(OBJ_DIR)/riscv-pke
53
54
55 #--------------------- spike interface library -----------------------
56 SPIKE_INF_CPPS  := spike_interface/*.c
57
58 SPIKE_INF_CPPS  := $(wildcard $(SPIKE_INF_CPPS))
59 SPIKE_INF_OBJS  :=  $(addprefix $(OBJ_DIR)/, $(patsubst %.c,%.o,
$(SPIKE_INF_CPPS)))
60
61
62 SPIKE_INF_LIB   := $(OBJ_DIR)/spike_interface.a
63
64
65 #--------------------- user   -----------------------
66 USER_LDS  := user/user.lds
67 USER_CPPS       := user/*.c
68
70 USER_OBJS       := $(addprefix $(OBJ_DIR)/, $(patsubst %.c,%.o,
$(USER_CPPS)))
71
```

```
 72 USER_TARGET     := $(OBJ_DIR)/app_helloworld
 73
 74 #-----------------------targets-----------------------
 75 $(OBJ_DIR):
 76     @-mkdir -p $(OBJ_DIR)
 77     @-mkdir -p $(dir $(UTIL_OBJS))
 78     @-mkdir -p $(dir $(SPIKE_INF_OBJS))
 79     @-mkdir -p $(dir $(KERNEL_OBJS))
 80     @-mkdir -p $(dir $(USER_OBJS))
 81
 82 $(OBJ_DIR)/%.o : %.c
 83     @echo "compiling" $<
 84     @$(COMPILE) -c $< -o $@
 85
 86 $(OBJ_DIR)/%.o : %.S
 87     @echo "compiling" $<
 88     @$(COMPILE) -c $< -o $@
 89
 90 $(UTIL_LIB): $(OBJ_DIR) $(UTIL_OBJS)
 91     @echo "linking " $@ ...
 92     @$(AR) -rcs $@ $(UTIL_OBJS)
 93     @echo "Util lib has been build into" \"$@\"
 94
 95 $(SPIKE_INF_LIB): $(OBJ_DIR) $(UTIL_OBJS) $(SPIKE_INF_OBJS)
 96     @echo "linking " $@ ...
 97     @$(AR) -rcs $@ $(SPIKE_INF_OBJS) $(UTIL_OBJS)
 98     @echo "Spike lib has been build into" \"$@\"
 99
100 $(KERNEL_TARGET): $(OBJ_DIR) $(UTIL_LIB) $(SPIKE_INF_LIB) $(KERNEL_OBJS)
$(KERNEL_LDS)
101     @echo "linking" $@ ...
102      @$(COMPILE) $(KERNEL_OBJS) $(UTIL_LIB) $(SPIKE_INF_LIB) -o $@ -T
$(KERNEL_LDS)
103     @echo "PKE core has been built into" \"$@\"
104
105 $(USER_TARGET): $(OBJ_DIR) $(UTIL_LIB) $(USER_OBJS) $(USER_LDS)
106     @echo "linking" $@  ...
107     @$(COMPILE) $(USER_OBJS) $(UTIL_LIB) -o $@ -T $(USER_LDS)
108     @echo "User app has been built into" \"$@\"
109
...
113 .DEFAULT_GOAL := $(all)
114
115 all: $(KERNEL_TARGET) $(USER_TARGET)
116 .PHONY:all
...
```

通过阅读该文件，我们看到构建过程的最终目标是第 115 行的 all，它有两个依赖目标：$(KERNEL_TARGET)和$(USER_TARGET)。我们从右往左看，$(USER_TARGET)的定义在第 72 行，对应的是$(OBJ_DIR)/app_helloworld（即./obj/app_helloworld）。构建$(USER_TARGET)的规则在第 105～108 行，其中第 105 行说明$(USER_TARGET)的构建依赖$(OBJ_DIR)、$(UTIL_LIB)、$(USER_OBJS)以及$(USER_LDS)这 4 个目标。

（1）$(OBJ_DIR)：它对应的动作是建立 5 个目录（参考第 75～80 行）：./obj、./obj/util、./obj/spike_interface、./obj/kernel 以及./obj/user。

（2）$(UTIL_LIB)：它的定义在第 33 行，而它的编译规则在第 90～93 行，依赖$(UTIL_OBJS)的处理。而$(UTIL_OBJS)的定义在第 30 行，对应$(addprefix $(OBJ_DIR)/, $(patsubst %.c,%.o,$(UTIL_CPPS))) ，需要将$(UTIL_CPPS)（也就是 util/*.c，第 27 行）全部编译成.o 文件，并链接为静态库（第 92 行的动作）。

（3）$(USER_OBJS)：它对应的是$(addprefix $(OBJ_DIR)/, $(patsubst %.c,%.o,$(USER_CPPS)))（第 70 行），需要将$(USER_CPPS)（也就是 user/*.c）都编译为.o 文件（具体的编译动作由第 82～84 行完成）。

（4）$(USER_LDS)：它对应的是 user/user.lds（第 66 行），由于后者已经存在于源代码树中，所以不会导致任何动作产生。

以上构造$(USER_TARGET)所依赖的目标全部执行完成后，构造过程将执行第 105～108 行的动作，即将 user/目录下通过编译得到的.o 文件与 util 中通过编译和链接得出的静态库文件链接，生成采用 RISC-V 指令集的可执行文件。同时，链接过程采用 user/user.lds 脚本以指定生成的可执行文件中的符号所对应的虚拟地址。

完成$(USER_TARGET)的构造后，我们回到第 115 行，继续$(KERNEL_TARGET)目标的构造。$(KERNEL_TARGET)的定义在第 100～103 行，可以看到它有 5 个依赖目标：$(OBJ_DIR)、$(UTIL_LIB)、$(SPIKE_INF_LIB)、$(KERNEL_OBJS)和$(KERNEL_LDS)。其中$(OBJ_DIR)、$(UTIL_LIB)在构造$(USER_TARGET)目标时就已经实现了，而$(KERNEL_LDS)是已经存在的文件。这样，就剩下两个“新”目标。

（1）$(SPIKE_INF_LIB)：它的定义在第 62 行，对应$(OBJ_DIR)/spike_interface.a 文件，对应的构造动作在第 95～98 行，依赖$(OBJ_DIR)、$(UTIL_OBJS)和$(SPIKE_INF_OBJS)这 3 个目标。其中$(OBJ_DIR)和$(UTIL_OBJS)目标我们在构造$(USER_TARGET)时已经实现，剩下的$(SPIKE_INF_OBJS)目标对应的是$(addprefix $(OBJ_DIR)/, $(patsubst %.c,%.o,$(SPIKE_INF_CPPS)))（第 59 行），将导致$(SPIKE_INF_CPPS)（也就是 spike_interface/*.c）被对应地编译成.o 文件。第 96～98 行的动作，会将编译 spike_interface 目录下文件生成的.o 文件链接为静态库（$(OBJ_DIR)/spike_interface.a）文件。

（2）$(KERNEL_OBJS)：它的定义在第 49、50 行，内容很简单，就是 kernel 下的所有汇编.S 文件和所有的.c 文件。当处理该依赖构造目标时，$(KERNEL_OBJS)会将 kernel 目录下的所有汇编和 C 源文件编译成对应的.o 文件。

以上依赖目标全部构造完毕后，执行第 100～103 行的$(KERNEL_TARGET)目标所对应的动作，将编译 kernel 目录下的源文件所得到的.o 文件与$(OBJ_DIR)/spike_interface.a 进行链接，并最终生成我们的代理内核$(OBJ_DIR)/riscv-pke。至此，PKE 实验所需要的代码构造完毕。总结一下，这个构造过程的步骤如下：

（1）构造 util 目录下的静态库文件$(OBJ_DIR)/util.a；

（2）构造应用程序，得到$(OBJ_DIR)/app_helloworld；

（3）构造$(OBJ_DIR)/spike_interface.a，即 Spike 所提供的工具库文件；

（4）构造代理内核$(OBJ_DIR)/riscv-pke。

3.1.4 代理内核的启动过程

在 3.1.1 小节中，我们获取 riscv-pke 的代码并完成构造后，将通过以下命令开始 lab1_1 所给定的应用的执行：

```
$ spike ./obj/riscv-pke ./obj/app_helloworld
In m_start, hartid:0
HTIF is available!
(Emulated) memory size: 2048 MB
Enter supervisor mode...
Application: ./obj/app_helloworld
Application program entry point (virtual address): 0x0000000081000000
Switching to user mode...
call do_syscall to accomplish the syscall and lab1_1 here.

System is shutting down with exit code -1.
```

可以看到，该命令由 3 个部分组成：spike、./obj/riscv-pke 以及./obj/app_helloworld。其中 spike 表示我们在第 2 章安装的 RISC-V 模拟器，执行它的结果是模拟出一个支持 RV64G 指令集的 RISC-V 机器；./obj/riscv-pke 是我们的 PKE 代理内核；而./obj/app_helloworld 是我们在 lab1_1 中给定的应用。

那么代理内核是如何在 Spike 模拟的 RISC-V 机器上启动的呢？实际上，这个启动过程比我们实际的物理机的启动过程简单得多。代理内核实际上是被 Spike 模拟器当作一个标准 ELF 文件载入的。那么既然代理内核是“可执行”的 ELF 文件，我们就可以用交叉编译器中提供的工具观察它的结构：

```
$ riscv64-unknown-elf-readelf -h ./obj/riscv-pke
ELF Header:
  Magic:   7f 45 4c 46 02 01 01 00 00 00 00 00 00 00 00 00
  Class:                             ELF64
  Data:                              2's complement, little endian
  Version:                           1 (current)
  OS/ABI:                            UNIX - System V
  ABI Version:                       0
  Type:                              EXEC (Executable file)
  Machine:                           RISC-V
  Version:                           0x1
  Entry point address:               0x80000548
  Start of program headers:          64 (bytes into file)
  Start of section headers:          130760 (bytes into file)
  Flags:                             0x5, RVC, double-float ABI
  Size of this header:               64 (bytes)
  Size of program headers:           56 (bytes)
  Number of program headers:         2
  Size of section headers:           64 (bytes)
  Number of section headers:         18
  Section header string table index: 17

$ riscv64-unknown-elf-readelf -l ./obj/riscv-pke

Elf file type is EXEC (Executable file)
Entry point 0x80000548
There are 2 program headers, starting at offset 64

Program Headers:
  Type           Offset             VirtAddr           PhysAddr
                 FileSiz            MemSiz              Flags  Align
  LOAD           0x0000000000001000 0x0000000080000000 0x0000000080000000
```

```
                 0x0000000000003564 0x0000000000003564  R E    0x1000
  LOAD           0x0000000000005000 0x0000000080004000 0x0000000080004000
                 0x0000000000001411 0x00000000000098b8  RW     0x1000

 Section to Segment mapping:
  Segment Sections...
   00     .text .rodata
   01     .htif .data .bss
```

通过以上命令和输出，我们可以得知./obj/riscv-pke 这个 ELF 文件的入口地址是 0x80000548，且它有两个程序段，这两个程序段分别是 00 号代码段和 01 号数据段。其中，00 号代码段的段首地址是 0x80000000，长度是 0x3564；01 号数据段的段首地址是 0x80004000，长度是 0x98b8。

那么为什么./obj/riscv-pke 代码段的段首地址是 0x80000000 呢？这个问题的答案通过阅读 kernel/kernel.lds 就能一目了然，因为后者规定了. = 0x80000000，即所有虚拟地址从 0x80000000 开始。更进一步，为什么要将虚拟地址的开始固定在 0x80000000 这个位置呢？这是因为 Spike 在模拟一台 RISC-V 机器时，会将其模拟的内存（可通过-m 选项指定大小）放置在 0x80000000 这个物理地址开始的地方。例如，默认情况下 Spike 会为它创建的 RISC-V 机器模拟 2GB(2^{31},0x80000000)内存，此时，有效物理内存的范围就为[0x80000000, 0xffffffff]。这样，我们就发现了一个“巧合”：代理内核的虚拟地址起始地址=物理内存的起始地址！有了这个巧合，Spike 就只需要将代理内核的两个段加载到 RISC-V 机器内存开始的地方，最后将控制权交给代理内核（将代理内核的入口地址写到 epc 中，epc 即 RISC-V 处理器的指令计数器）即可。同时，由于代理内核在编译的时候默认的起始地址也是 0x80000000，所以它的执行无须进行任何虚拟地址到物理地址的转换，且不会发生错误。

另外，./obj/riscv-pke 的入口地址 0x80000548 对应代码中的哪个函数呢？这个问题的答案我们也可以通过阅读 kernel/kernel.lds 得知：

```
   1 /* See LICENSE for license details. */
   2
   3 OUTPUT_ARCH( "riscv" )
   4
   5 ENTRY( _mentry )
   6
   7 SECTIONS
   8 {
   9
  10   /*----------------------------------------------------------------------
--*/
  11   /* Code and read-only segment                                          */
  12   /*----------------------------------------------------------------------
--*/
  13
  14   /* Begining of code and text segment, starts from DRAM_BASE to be effective
before enabling paging */
  15   . = 0x80000000;
  16   _ftext = .;
  17
  18   /* text: Program code section */
  19   .text :
  20   {
  21     *(.text)
```

```
    22      *(.text.*)
    23      *(.gnu.linkonce.t.*)
    24      . = ALIGN(0x1000);
    25
    26      _trap_sec_start = .;
    27      *(trapsec)
    28      . = ALIGN(0x1000);
    29    /*   ASSERT(. - _trap_sec_start == 0x1000, "error: trap section larger
than one page");   */
    30    }
```

以上列出了部分 kernel/kernel.lds 的内容，从第 5 行可知内核的入口地址对应的是_mentry 函数，通过以下命令：

```
$ riscv64-unknown-elf-objdump -D ./obj/riscv-pke | grep _mentry
0000000080000548 <_mentry>:
```

我们进一步确定了代理内核的入口就是_mentry 函数。

实际上，_mentry 函数是在 kernel/machine/mentry.S 文件中定义的：

```
    13   .globl _mentry
    14  _mentry:
    15      # [mscratch] = 0; mscratch points the stack bottom of machine mode
computer
    16      csrw mscratch, x0
    17
    18     # following codes allocate a 4096-byte stack for each HART, although
we use only
    19      # ONE HART in this lab.
    20         la   sp,   stack0          #   stack0   is   statically   defined   in
kernel/machine/minit.c
    21      li a3, 4096          # 4096-byte stack
    22      csrr a4, mhartid     # [mhartid] = core ID
    23      addi a4, a4, 1
    24      mul a3, a3, a4
    25      add sp, sp, a3       # re-arrange the stack points so that they don't
overlap
    26
    27        #   jump   to   mstart(),   i.e.,   machine   state   start   function   in
kernel/machine/minit.c
    28      call m_start
```

_mentry 函数的执行将机器复位（第 16 行）为在不同处理器上（我们在 PKE 基础实验中只考虑单个处理器的情况）运行的内核分配的大小为 4KB 的栈（第 20～25 行），并在最后（第 28 行）调用 m_start()函数。而 m_start()函数是在 kernel/machine/minit.c 文件中定义的：

```
    77 void m_start(uintptr_t hartid, uintptr_t dtb) {
    78    // init the spike file interface (stdin,stdout,stderr)
    79     // functions with "spike_" prefix are all defined in codes under
spike_interface/,
    80    // sprint is also defined in spike_interface/spike_utils.c
    81    spike_file_init();
    82    sprint("In m_start, hartid:%d\n", hartid);
    83
    84    // init HTIF (Host-Target InterFace) and memory by using the Device Table
Blob (DTB)
```

```
    85   // init_dtb() is defined above.
    86   init_dtb(dtb);
    87
    88   // set previous privilege mode to S (Supervisor), and will enter S mode
after 'mret'
    89   // write_csr is a macro defined in kernel/riscv.h
    90     write_csr(mstatus,  ((read_csr(mstatus)  &  ~MSTATUS_MPP_MASK)  |
MSTATUS_MPP_S));
    91
    92   // set M Exception Program Counter to sstart, for mret (requires gcc
-mcmodel=medany)
    93   write_csr(mepc, (uint64)s_start);
    94
    95   // delegate all interrupts and exceptions to supervisor mode.
    96   // delegate_traps() is defined above.
    97   delegate_traps();
    98
    99   // switch to supervisor mode (S mode) and jump to s_start(), i.e., set
pc to mepc
    100   asm volatile("mret");
    101 }
```

m_start()函数首先初始化 Spike 的 HTIF，以及承载于其上的文件接口（第 81～86 行）；然后人为地将上一个状态（机器启动时的状态为 M 态，即 Machine 态）设置为 S（Supervisor）态，并将“退回”到 S 态的函数指针 s_start 写到 mepc 寄存器中（第 90～93 行）；接下来，将中断异常处理“代理”给 S 态（第 97 行）；最后，执行返回动作（第 100 行）。由于之前人为地将上一个状态设置为 S 态，所以第 100 行的返回动作将“返回”S 态，并进入 s_start()函数执行。

s_start()函数在 kernel/kernel.c 文件中定义：

```
    34 int s_start(void) {
    35   sprint("Enter supervisor mode...\n");
    36   // Note: we use direct (i.e., Bare mode) for memory mapping in lab1.
    37   // which means: Virtual Address = Physical Address
    38   // therefore, we need to set satp to be 0 for now. we will enable paging
in lab2_x.
    39   //
    40   // write_csr is a macro defined in kernel/riscv.h
    41   write_csr(satp, 0);
    42
    43   // the application code (elf) is first loaded into memory, and then put
into execution
    44   load_user_program(&user_app);
    45
    46   sprint("Switch to user mode...\n");
    47   // switch_to() is defined in kernel/process.c
    48   switch_to(&user_app);
    49
    50   // we should never reach here.
    51   return 0;
    52 }
```

该函数的动作也非常简单：首先将地址映射模式置为直映射模式（Bare mode）（第 41 行），接下来调用 load_user_program()函数（第 44 行），将应用（也就是最初的命令行中的./obj/app_helloworld）载入内存，封装成一个最简单的“进程”（process），最后调用

switch_to()函数，将这个简单的不能再简单的进程投入运行。

以上过程中，load_user_program()函数的作用是将我们的给定应用（user/app_helloworld.c）所对应的可执行 ELF 文件（即./obj/app_helloworld 文件）载入 Spike 虚拟内存，这个过程我们将在 3.1.5 小节中详细讨论。另一个函数是 switch_to()，为了理解这个函数的行为，需要先对 lab1 中“进程”的定义有一定的了解（kernel/process.h）：

```
19 typedef struct process {
20   // pointing to the stack used in trap handling.
21   uint64 kstack;
22   // trapframe storing the context of a (User mode) process.
23   trapframe* trapframe;
24 }process;
```

可以看到，lab1 中定义的“进程”非常简单，它只包含一个栈指针（kstack）以及一个指向 trapframe 结构体的指针。trapframe 结构也在 kernel/process.h 文件中定义：

```
6 typedef struct trapframe {
7   // space to store context (all common registers)
8   /* offset:0   */ riscv_regs regs;
9
10   // process's "user kernel" stack
11   /* offset:248 */ uint64 kernel_sp;
12   // pointer to smode_trap_handler
13   /* offset:256 */ uint64 kernel_trap;
14   // saved user process counter
15   /* offset:264 */ uint64 epc;
16 }trapframe;
```

该结构体除了记录进程上下文的 RISC-V 机器的通用寄存器组（regs 成员）外，还包括很少的其他成员（如指向内核态栈顶的 kernel_sp、指向内核态 trap 处理函数入口的 kernel_trap 指针、进程执行的当前位置 epc）。

回到 switch_to()函数，它在 kernel/process.c 文件中定义：

```
28 void switch_to(process* proc) {
29   assert(proc);
30   current = proc;
31
32    // write the smode_trap_vector (64-bit func. address) defined in
kernel/strap_vector.S
33   // to the stvec privilege register, such that trap handler pointed by
smode_trap_vector
34   // will be triggered when an interrupt occurs in S mode.
35   write_csr(stvec, (uint64)smode_trap_vector);
36
37   // set up trapframe values (in process structure) that smode_trap_vector
will need when
   the process next re-enters the kernel.
38   // the process next re-enters the kernel.
39   proc->trapframe->kernel_sp = proc->kstack;  // process's kernel stack
40   proc->trapframe->kernel_trap = (uint64)smode_trap_handler;
41
42   // SSTATUS_SPP and SSTATUS_SPIE are defined in kernel/riscv.h
43   // set S Previous Privilege mode (the SSTATUS_SPP bit in sstatus register)
to User mode.
44   unsigned long x = read_csr(sstatus);
45   x &= ~SSTATUS_SPP;  // clear SPP to 0 for user mode
46   x |= SSTATUS_SPIE;  // enable interrupts in user mode
```

```
    47
    48   // write x back to 'sstatus' register to enable interrupts, and sret
destination mode.
    49   write_csr(sstatus, x);
    50
    51   // set S Exception Program Counter (sepc register) to the elf entry pc.
    52   write_csr(sepc, proc->trapframe->epc);
    53
    54   // return_to_user() is defined in kernel/strap_vector.S. switch to user
modewith sret.
    55   return_to_user(proc->trapframe);
    56 }
```

可以看到，switch_to()函数的作用是初始化进程的 process 结构体，并最终调用 return_to_user (proc->trapframe) 函数将载入的应用（所封装的进程）投入运行。return_to_user()函数在 kernel/strap_vector.S 文件中定义：

```
    49 .globl return_to_user
    50 return_to_user:
    51      # [sscratch]=[a0], save a0 in sscratch, so sscratch points to a
trapframe now.
    52     csrw sscratch, a0
    53
    54     # let [t6]=[a0]
    55     addi t6, a0, 0
    56
    57         #  restore_all_registers  is  a  assembly  macro  defined  in
util/load_store.S.
    58     # the macro restores all registers from trapframe started from [t6]
to all general
    59     # purpose registers, so as to resort the execution of a process.
    60     restore_all_registers
    61
    62     # return to user mode and user pc.
    63     sret
```

return_to_user()函数的作用是恢复进程的上下文（第 60 行）到 RISC-V 机器的所有寄存器中，并调用 sret 指令，从 S 模式“返回”应用模式（即 U 模式）。这样，所载入的应用程序（即 obj/app_helloworld 所对应的“进程”）就能投入运行了。

3.1.5 ELF 文件（app）的加载过程

本小节我们对 load_user_program()函数进行讨论，它在 kernel/kernel.c 中定义：

```
    19 void load_user_program(process *proc) {
    20   // USER_TRAP_FRAME is a physical address defined in kernel/config.h
    21   proc->trapframe = (trapframe *)USER_TRAP_FRAME;
    22   memset(proc->trapframe, 0, sizeof(trapframe));
    23   // USER_KSTACK is also a physical address defined in kernel/config.h
    24   proc->kstack = USER_KSTACK;
    25   proc->trapframe->regs.sp = USER_STACK;
    26
    27   // load_bincode_from_host_elf() is defined in kernel/elf.c
    28   load_bincode_from_host_elf(proc);
    29 }
```

我们看到，该函数首先对进程壳进行了一定的初始化，最后调用 load_bincode_from_host_elf()函数将应用程序对应的二进制代码实际地载入。load_bincode_from_host_elf()函数在 kernel/elf.c 文件中定义：

```
107 void load_bincode_from_host_elf(process *p) {
108   arg_buf arg_bug_msg;
109
110   // retrieve command line arguments
111   size_t argc = parse_args(&arg_bug_msg);
112   if (!argc) panic("You need to specify the application program!\n");
113
114   sprint("Application: %s\n", arg_bug_msg.argv[0]);
115
116   //elf loading. elf_ctx is defined in kernel/elf.h, used to track the
loading process.
117   elf_ctx elfloader;
118    // elf_info is defined above, used to tie the elf file and its
corresponding process.
119   elf_info info;
120
121   info.f = spike_file_open(arg_bug_msg.argv[0], O_RDONLY, 0);
122   info.p = p;
123   // IS_ERR_VALUE is a macro defined in spike_interface/spike_htif.h
124   if (IS_ERR_VALUE(info.f)) panic("Fail on openning the input application
program.\n");
125
126   // init elfloader context. elf_init() is defined above.
127   if (elf_init(&elfloader, &info) != EL_OK)
128     panic("fail to init elfloader.\n");
129
130   // load elf. elf_load() is defined above.
131   if (elf_load(&elfloader) != EL_OK) panic("Fail on loading elf.\n");
132
133   // entry (virtual, also physical in lab1_x) address
134   p->trapframe->epc = elfloader.ehdr.entry;
135
136   // close the host spike file
137   spike_file_close( info.f );
138
139   sprint("Application program entry point (virtual address): 0x%lx\n",
p->trapframe->epc);
140 }
```

该函数的大致执行过程如下：

（1）（第 108～114 行）解析命令行参数，获得需要加载的 ELF 文件的文件名；

（2）（第 117～128 行）初始化 ELF 加载数据结构，并打开即将被加载的 ELF 文件；

（3）（第 131 行）加载 ELF 文件；

（4）（第 134 行）通过 ELF 文件提供的入口地址设置进程的 trapframe->epc，保证返回用户态的时候，所加载的 ELF 文件被执行；

（5）（第 137～139 行）关闭 ELF 文件并返回。

该函数用到了同文件中的诸多工具函数，这些函数的细节请读者自行阅读相关代码，这里我们只讨论我们认为重要的函数。

（1）spike_file_open()和 spike_file_close()：这两个函数在 spike_interface/spike_file.c 文

件中定义，它们各自的作用是通过 Spike 的 HTIF 打开/关闭位于主机上的 ELF 文件。Spike 的 HTIF 相关知识，我们将在 3.1.6 小节中做简要的讨论。

（2）elf_init()：该函数的作用是初始化 elf_ctx 类型的 elfloader 结构体。该初始化过程将读取给定 ELF 文件的文件头，确保该 ELF 文件是一个正确的 ELF 文件。

（3）elf_load()：读入 ELF 文件中所包含的程序段到给定的内存地址中。elf_load()的具体实现如下：

```
53 elf_status elf_load(elf_ctx *ctx) {
54   // elf_prog_header structure is defined in kernel/elf.h
55   elf_prog_header ph_addr;
56   int i, off;
57
58   // traverse the elf program segment headers
59   for (i = 0, off = ctx->ehdr.phoff; i < ctx->ehdr.phnum; i++, off += sizeof(ph_addr)) {
60     // read segment headers
61     if (elf_fpread(ctx, (void *)&ph_addr, sizeof(ph_addr), off) != sizeof(ph_addr)) return EL    _EIO;
62
63     if (ph_addr.type != ELF_PROG_LOAD) continue;
64     if (ph_addr.memsz < ph_addr.filesz) return EL_ERR;
65     if (ph_addr.vaddr + ph_addr.memsz < ph_addr.vaddr) return EL_ERR;
66
67     // allocate memory block before elf loading
68     void *dest = elf_alloc_mb(ctx, ph_addr.vaddr, ph_addr.vaddr, ph_addr.memsz);
69
70     // actual loading
71     if (elf_fpread(ctx, dest, ph_addr.memsz, ph_addr.off) != ph_addr.memsz)
72       return EL_EIO;
73   }
74
75   return EL_OK;
76 }
```

这里，我们需要讨论一下 elf_alloc_mb()函数，该函数返回代码段将要加载进入地址（装载地址）dest。由于我们在 lab1 全面采用了直地址映射模式（Bare mode，也就是说，虚拟地址=物理地址），对于 lab1 全系列的实验来说，elf_alloc_mb()返回的装载地址实际上就是物理地址，具体实现如下：

```
19 static void *elf_alloc_mb(elf_ctx *ctx, uint64 elf_pa, uint64 elf_va, uint64 size) {
20   // directly returns the virtual address as we are in the Bare mode in lab1
21   return (void *)elf_va;
22 }
```

但是，到了实验 2（lab2 系列），我们将开启 RISC-V 的分页模式（使用 Sv39），届时 elf_alloc_mb()函数将发生变化。

3.1.6　Spike 的 HTIF

Spike 提供的 HTIF 的工作原理可以用图 3-1 说明。

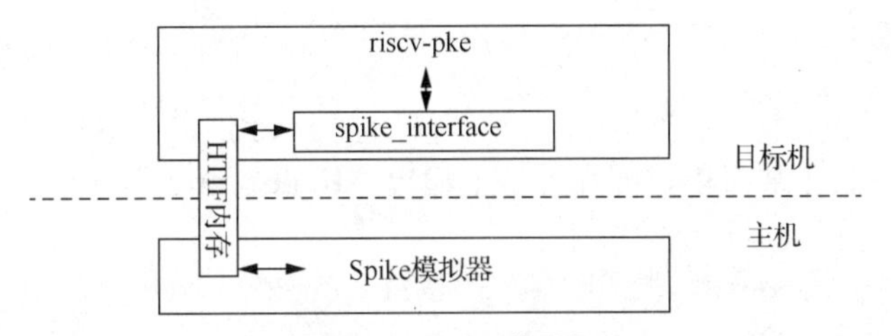

图 3-1　HTIF 工作原理

我们知道 Spike 是运行在主机上的，在创建目标机的时候，Spike 模拟器将自身的一段内存（图 3-1 所示的 HTIF 内存）提供给目标机。PKE 操作系统内核在构造时引入了这段内存（参考 kernel/kernel.lds 文件），在启动时通过目标机传递给 PKE 操作系统内核的设备参数（Device Tree String，DTS）发现这段内存；接下来通过 spike_interface 目录中的代码对这段内存进行初始化和封装，将其封装成一组可以由操作系统调用的函数，典型的如 sprint()、spike_file_open()、spike_file_close()等；最后 PKE 操作系统内核就能够直接使用这些封装后的函数完成对模拟硬件的操纵，如输出字符串到屏幕、访问主机上的文件或设备等。

Spike 基于 HTIF 内存的传递，定义了一组 HTIF 调用（类似于操作系统的系统调用），每个 HTIF 调用实现一个既定的功能。在使用时，PKE 内核可以通过设定往 HTIF 内存中写入特定的 HTIF 调用号，Spike 在从 HTIF 内存中获得 HTIF 调用号后就会执行调用号对应的动作，并传递返回值到 HTIF 内存中。最后，PKE 操作系统内核通过读取 HTIF 内存中的信息获得返回值的内容。

对于 PKE 实验而言，利用 HTIF 可以屏蔽一些操作系统底层功能（如设备操纵）的实现，这些功能往往跟具体的硬件实现有关（不同平台的功能不同），往往用汇编语言编写，阅读起来非常枯燥也很难读懂。更重要的是，这些实现细节跟操作系统可能并无关系！采用 HTIF 这种形式，用高级语言（C 语言）来编写这段代码（spike_interface 目录下的文件）会使代码简单易懂，同时满足“操作系统原理”课程的教学要求。

3.2　实验 lab1_1 系统调用

1. 给定应用

- user/app_helloworld.c 内容如下：

```
1 /*
2  * Below is the given application for lab1_1.
3  *
4  * You can build this app (as well as our PKE OS kernel) by command:
5  * $ make
6  *
7  * Or run this app (with the support from PKE OS kernel) by command:
8  * $ make run
9  */
10
11 #include "user_lib.h"
12
13 int main(void) {
14   printu("Hello world!\n");
```

```
15
16   exit(0);
17 }
```

应用实现的功能非常简单，即在屏幕上输出“Hello world!”。

- make 后的直接运行结果如下：

```
$ spike ./obj/riscv-pke ./obj/app_helloworld
In m_start, hartid:0
HTIF is available!
(Emulated) memory size: 2048 MB
Enter supervisor mode...
Application: ./obj/app_helloworld
elf_load: ctx->ehdr.phoff = 64, ctx->ehdr.phnum =1, sizeof(ph_addr)=56.
elf_load: ph_addr.memsz = 744, ph_addr.off =4096.
Application program entry point (virtual address): 0x0000000081000000
Switching to user mode...
call do_syscall to accomplish the syscall and lab1_1 here.

System is shutting down with exit code -1.
```

从结果上来看，并未达到我们的预期结果，即在屏幕上输出“Hello world!”。

2．实验内容

如运行结果所提示的那样，我们需要找到并完成对 do_syscall()的调用，并获得以下预期结果：

```
$ spike ./obj/riscv-pke ./obj/app_helloworld
In m_start, hartid:0
HTIF is available!
(Emulated) memory size: 2048 MB
Enter supervisor mode...
Application: ./obj/app_helloworld
Application program entry point (virtual address): 0x0000000081000000
Switching to user mode...
Hello world!
User exit with code:0.
System is shutting down with exit code 0.
```

3．实验指导

lab1_1 实验需要读者了解和掌握操作系统中系统调用机制的实现原理。从应用出发，我们发现 user/app_helloworld.c 文件中有两个函数调用：printu()和 exit()。对代码进行跟踪，我们发现这两个函数都在 user/user_lib.c 中进行了实现，这两个函数最后都转换成了对 do_user_call()的调用。查看 do_user_call()函数的实现：

```
13 int do_user_call(uint64 sysnum, uint64 a1, uint64 a2, uint64 a3, uint64 a4, uint64 a5, uint64 a6,
14                  uint64 a7) {
15   int ret;
16
17   // before invoking the syscall, arguments of do_user_call are already loaded into the argument
18   // registers (a0-a7) of our (emulated) risc-v machine.
19   asm volatile(
20       "ecall\n"
21       "sw a0, %0"  // returns a 32-bit value
22       : "=m"(ret)
23       :
```

```
24       : "memory");
25
26   return ret;
27 }
```

我们发现，do_user_call()函数是通过 ecall 指令完成系统调用的，且在执行 ecall 指令前，所有的参数（即 do_user_call()函数的 8 个参数）实际上都已经载入 RISC-V 机器的 a0～a7 这 8 个寄存器中（这一步是我们的编译器生成的代码帮我们完成的，sysnum 被载入 a0 寄存器）。ecall 指令的执行将根据 a0 寄存器中的值获得系统调用号，并使 RISC-V 转换到 S 模式（因为我们的操作系统内核启动时将所有的中断、异常、系统调用都代理给了 S 模式）的 trap 处理入口执行（在 kernel/strap_vector.S 文件中定义）：

```
16 .globl smode_trap_vector
17 .align 4
18 smode_trap_vector:
19     # swap a0 and sscratch, so that points a0 to the trapframe of current
process
20     csrrw a0, sscratch, a0
21
22     # save the context (user registers) of current process in its trapframe.
23     addi t6, a0 , 0
24
25     # store_all_registers is a macro defined in util/load_store.S, it
stores contents
26     # of all general purpose registers into a piece of memory started from
[t6].
27     store_all_registers
28
29     # come back to save a0 register before entering trap handling in
trapframe
30     # [t0]=[sscratch]
31     csrr t0, sscratch
32     sd t0, 72(a0)
33
34     # use the "user kernel" stack (whose pointer stored in p->trapframe->
kernel_sp)
35     ld sp, 248(a0)
36
37     # load the address of smode_trap_handler() from p->trapframe->
kernel_trap
38     ld t0, 256(a0)
39
40     # jump to smode_trap_handler() that is defined in kernel/trap.c
41     jr t0
```

从以上代码我们可以看到，trap 的入口处理函数首先将“进程”（即我们的 obj/app_helloworld 的运行现场）进行保存（第 27 行）；接下来将 a0 寄存器中的系统调用号保存到内核堆栈中（第 31～32 行），再将 p->trapframe->kernel_sp 指向的为应用进程分配的内核栈设置到 sp 寄存器中（第 35 行），**该过程实际上完成了栈的切换**。完整的切换过程为：

（1）应用程序在 U 模式（即应用态）执行，这个时候使用的是操作系统为其分配的栈（称为用户栈），这一部分参见 kernel/kernel.c 文件中 load_user_program()的实现；

（2）应用程序调用 ecall，后陷入内核，开始执行 smode_trap_vector()函数，此时使用的是操作系统内核的栈，这一部分参见 kernel/machine/mentry.S 文件中的 PKE 入口_mentry；

（3）中断处理例程 smode_trap_vector()函数执行到第 35 行时，将栈切换到用户进程“自带”的“用户内核栈”，也就是使用 kernel/process.c 文件中 switch_to()函数的第 39 行所引用的 proc->kstack，而不使用 PKE 内核自带栈。这样，就避免了对 PKE 内核自带栈的破坏，为将来支持多任务（多个进程）的执行打下良好基础。

后续的执行将使用应用进程所附带的内核自带栈来保存执行的上下文，如函数调用、临时变量等；将应用进程中的 p->trapframe->kernel_trap 写入 t0 寄存器（第 38 行），并在最后（第 41 行）调用 p->trapframe->kernel_trap 所指向的 smode_trap_handler()函数。

smode_trap_handler()函数的定义在 kernel/strap.c 文件中，采用 C 语言编写：

```
33 void smode_trap_handler(void) {
34   // make sure we are in User mode before entering the trap handling.
35   // we will consider other previous case in lab1_3 (interrupt).
36   if ((read_csr(sstatus) & SSTATUS_SPP) != 0) panic("usertrap: not from
user mode");
37
38   assert(current);
39   // save user process counter.
40   current->trapframe->epc = read_csr(sepc);
41
42   // if the cause of trap is syscall from user application.
43   // read_csr() and CAUSE_USER_ECALL are macros defined in kernel/riscv.h
44   if (read_csr(scause) == CAUSE_USER_ECALL) {
45     handle_syscall(current->trapframe);
46   } else {
47     sprint("smode_trap_handler(): unexpected scause %p\n", read_csr
(scause));
48     sprint("            sepc=%p stval=%p\n", read_csr(sepc), read_csr
(stval));
49     panic( "unexpected exception happened.\n" );
50   }
51
52   // continue (come back to) the execution of current process.
53   switch_to(current);
54 }
```

该函数首先在第 36 行，对进入当前特权模式（S 模式）之前的模式进行判断，确保进入前是用户模式（U 模式）；接下来在第 40 行，保存发生系统调用的指令地址；然后判断导致进入当前模式的原因，如果原因是系统调用（read_csr(scause) == CAUSE_USER_ECALL）就执行 handle_syscall()函数，但如果原因是其他（对于其他原因的处理，我们将在后续实验中进一步完善），就输出出错信息并退出（第 44～50 行的 if...else 语句）；最后在第 53 行调用 switch_to()函数返回当前进程。

handle_syscall()函数的定义也在 kernel/strap.c 文件中：

```
15 static void handle_syscall(trapframe *tf) {
16   // tf->epc points to the address that our computer will jump to after
the trap handling.
17   // for a syscall, we should return to the NEXT instruction after its
handling.
18   // in RV64G, each instruction occupies exactly 32 bits (i.e., 4 Bytes)
19   tf->epc += 4;
20
21   // TODO (lab1_1): remove the panic call below, and call do_syscall
(defined in
```

```
    22  // kernel/syscall.c) to conduct real operations of the kernel side for
a syscall.
    23  // IMPORTANT: return value should be returned to user app, or else, you
will encounter
    24  // problems in later experiments!
    25  panic( "call do_syscall to accomplish the syscall and lab1_1 here.\n" );
    26
    27 }
```

看到第 25 行，我们就应该明白为什么在 make 后的直接运行结果中会出现“call do_syscall to accomplish the syscall and lab1_1 here.”这行输出了，这是 panic()的输出结果。所以为了完成 lab1_1，就应该把 panic 语句删掉，换成对 do_syscall()函数的调用！其实完成这个实验非常简单，但需要读者完成以上所述的代码跟踪，了解 PKE 操作系统内核处理系统调用的流程。

那么 do_syscall()函数是在哪里定义的呢？实际上这个函数在 kernel/syscall.c 文件中，已经帮大家定义好了：

```
    38 long do_syscall(long a0, long a1, long a2, long a3, long a4, long a5, long
a6, long a7) {
    39   switch (a0) {
    40     case SYS_user_print:
    41       return sys_user_print((const char*)a1, a2);
    42     case SYS_user_exit:
    43       return sys_user_exit(a1);
    44     default:
    45       panic("Unknown syscall %ld \n", a0);
    46   }
    47 }
```

但是，做实验的时候，需要读者思考在 handle_syscall()函数中调用 do_syscall()函数时，do_syscall()函数的参数怎么处理？毕竟有 8 个 long 类型（因为我们使用的机器是 RV64G，long类型占8字节）的参数。另外，do_syscall()函数的返回值应该怎么处理呢？毕竟do_syscall()函数有一个 long 类型的返回值，而这个返回值是用于通知应用程序它发出的系统调用是否成功的。

除了实验内容之外，在 handle_syscall()函数的第 19 行是 tf->epc += 4;语句，**这里请读者思考：为什么要将 tf->epc 的值进行加 4 处理呢？**请结合你对 RISC-V 指令集架构的理解，以及系统调用的原理进行回答。另外，**我们的 PKE 操作系统内核是如何得到应用程序中“Hello world!”字符串的地址的呢？**

完成以上实验后，就能够获得以下输出结果了：

```
$ spike ./obj/riscv-pke ./obj/app_helloworld
In m_start, hartid:0
HTIF is available!
(Emulated) memory size: 2048 MB
Enter supervisor mode...
Application: ./obj/app_helloworld
Application program entry point (virtual address): 0x0000000081000000
Switching to user mode...
Hello world!
User exit with code:0.
System is shutting down with exit code 0.
```

- 实验完毕，记得提交修改（命令行中-m 后的字符串可自行确定），以便在后续实验中继承 lab1_1 中所做的工作：

```
$ git commit -a -m "my work on lab1_1 is done."
```

4. 答案解析

将 kernel/strap.c 文件中的

```
panic( "call do_syscall to accomplish the syscall and lab1_1 here.\n" );
```

替换成：

```
tf->regs.a0 = do_syscall(tf->regs.a0, tf->regs.a1, tf->regs.a2, tf->regs.a3,
tf->regs.a4, tf->regs.a5, tf->regs.a6, tf->regs.a7);
```

替换原因如下。

查看 do_syscall()函数的定义，发现它有 8 个参数，且有一个 long 类型的返回值。然而，系统调用的发生在我们的实验里导致了特权级转换，这就导致函数参数的传递不同于传统的 C 语言函数调用，它需要从进行了系统调用的程序的上下文中获取。同时，返回值也是通过 a0 这个通用寄存器传递的。注意：如果未将 do_syscall()函数的返回值写入 a0 寄存器，那么虽然能通过 lab1_1 的评测，但是到了 lab2_2 就会出现问题。

3.3 实验 lab1_2 异常处理

1. 给定应用

- user/app_illegal_instruction.c：

```
1 /*
2  * Below is the given application for lab1_2.
3  * This app attempts to issue M-mode instruction in U-mode, and consequently
raises an exception.
4  */
5
6 #include "user_lib.h"
7 #include "util/types.h"
8
9 int main(void) {
10   printu("Going to hack the system by running privilege instructions.\n");
11   // we are now in U(user)-mode, but the "csrw" instruction requires M-mode
privilege.
12   // Attempting to execute such instruction will raise illegal instruction
exception.
13   asm volatile("csrw sscratch, 0");
14   exit(0);
15 }
```

（在 U 模式下执行的）应用企图执行 RISC-V 的特权指令 csrw sscratch, 0。该指令会修改 S 模式的栈指针，如果允许该指令的执行，执行后可能会导致系统崩溃。

- （先提交 lab1_1 的答案，然后）切换到 lab1_2，继承 lab1_1_syscall（简称 lab1_1）中所做的修改，并 make（构造）后的直接运行结果。使用如下命令行：

```
//切换到 lab1_2
$ git checkout lab1_2_exception

//继承 lab1_1 中所做的修改
$ git merge lab1_1_syscall -m "continue to work on lab1_2"

//重新构造
$ make clean; make
```

```
//运行
$ spike ./obj/riscv-pke ./obj/app_illegal_instruction
In m_start, hartid:0
HTIF is available!
(Emulated) memory size: 2048 MB
Enter supervisor mode...
Application: ./obj/app_illegal_instruction
elf_load: ctx->ehdr.phoff = 64, ctx->ehdr.phnum =1, sizeof(ph_addr)=56.
elf_load: ph_addr.memsz = 800, ph_addr.off =4096.
Application program entry point (virtual address): 0x0000000081000000
Switching to user mode...
Going to hack the system by running privilege instructions.
call  handle_illegal_instruction  to  accomplish  illegal  instruction
interception of lab1_2.

System is shutting down with exit code -1.
```

以上运行结果中，受篇幅所限，我们隐藏了前 3 个命令的运行结果。

2．实验内容

如运行结果所提示的那样，我们需要通过调用 handle_illegal_instruction()函数完成异常指令处理，阻止 app_illegal_instruction 的执行。

```
$ spike ./obj/riscv-pke ./obj/app_illegal_instruction
In m_start, hartid:0
HTIF is available!
(Emulated) memory size: 2048 MB
Enter supervisor mode...
Application: ./obj/app_illegal_instruction
Application program entry point (virtual address): 0x0000000081000000
Switching to user mode...
Going to hack the system by running privilege instructions.
Illegal instruction!
System is shutting down with exit code -1.
```

3．实验指导

lab1_2 实验需要读者了解和掌握操作系统中异常的产生原理以及处理的原则。从应用出发，我们发现在 user/app_illegal_instruction.c 文件中，应用程序“企图”执行不能在用户模式（U 模式）运行的特权指令：csrw sscratch, 0。该指令将导致机器的状态发生变化，是典型的特权指令。

显然，对于机器而言，这种企图破坏 RISC-V 机器及操作系统的事件并不是它所期望（它期望在用户模式下执行的都是用户模式的指令）发生的“异常事件”，需要介入并破坏该应用程序的执行。查找 RISC-V 体系结构的相关文档，我们知道，这类异常属于非法指令异常，即 CAUSE_ILLEGAL_INSTRUCTION，它对应的异常码是 02（见 kernel/riscv.h 中的定义）。那么，当 RISC-V 机器截获了这类异常后，该将它交给谁来处理呢？

通过 3.1.4 小节的学习，我们知道 PKE 操作系统内核在启动时会将部分异常和中断“代理”给 S 模式处理，但是它是否将 CAUSE_ILLEGAL_INSTRUCTION 这类异常也进行了代理呢？这就要研究 m_start()函数在执行 delegate_traps()函数时设置的代理规则了。我们先查看 delegate_traps()函数的代码，在 kernel/machine/minit.c 文件中找到它对应的代码：

```
55 static void delegate_traps() {
56   // supports_extension macro is defined in kernel/riscv.h
```

```
   57   if (!supports_extension('S')) {
   58     // confirm that our processor supports supervisor mode. abort if it
does not.
   59     sprint("S mode is not supported.\n");
   60     return;
   61   }
   62
   63   // macros used in following two statements are defined in kernel/riscv.h
   64   uintptr_t interrupts = MIP_SSIP | MIP_STIP | MIP_SEIP;
   65    uintptr_t  exceptions  =  (1U  <<  CAUSE_MISALIGNED_FETCH)  |  (1U  <<
CAUSE_FETCH_PAGE_FAULT) |
   66                          (1U << CAUSE_BREAKPOINT) | (1U << CAUSE_LOAD_PAGE_
FAULT) |
   67                          (1U << CAUSE_STORE_PAGE_FAULT) | (1U << CAUSE_
USER_ECALL);
   68
   69   // writes 64-bit values (interrupts and exceptions) to 'mideleg' and
'medeleg' (two
   70   // priviledged registers of RV64G machine) respectively.
   71   //
   72   // write_csr and read_csr are macros defined in kernel/riscv.h
   73   write_csr(mideleg, interrupts);
   74   write_csr(medeleg, exceptions);
   75   assert(read_csr(mideleg) == interrupts);
   76   assert(read_csr(medeleg) == exceptions);
   77 }
```

在第 64～67 行代码中，delegate_traps()函数确实将部分异常代理给了 S 模式处理，但是这些异常里并没有我们关心的 CAUSE_ILLEGAL_INSTRUCTION 异常，这说明该异常的处理还是交给 M 模式来处理（实际上，对于 Spike 模拟的 RISC-V 平台而言，CAUSE_ILLEGAL_INSTRUCTION 异常必须在 M 态处理)! 所以，我们需要了解 M 模式的 trap 处理入口，以便继续跟踪其后的处理过程。M 模式的 trap 处理入口在 kernel/machine/mtrap_vector.S 文件中[PKE 操作系统内核在启动时（kernel/machine/minit.c 文件的第 94 行 write_csr(mtvec, (uint64)mtrapvec);）已经将 M 模式的中断处理入口指向了 mtrapvec 函数]：

```
   8 mtrapvec:
   9     # mscratch -> g_itrframe (cf. kernel/machine/minit.c line 94)
   10     # swap a0 and mscratch, so that a0 points to interrupt frame,
   11     # i.e., [a0] = &g_itrframe
   12     csrrw a0, mscratch, a0
   13
   14     # save the registers in g_itrframe
   15     addi t6, a0, 0
   16     store_all_registers
   17     # save the original content of a0 in g_itrframe
   18     csrr t0, mscratch
   19     sd t0, 72(a0)
   20
   21     # switch stack (to use stack0) for the rest of machine mode
   22     # trap handling.
   23     la sp, stack0
   24     li a3, 4096
   25     csrr a4, mhartid
   26     addi a4, a4, 1
```

```
27     mul a3, a3, a4
28     add sp, sp, a3
29
30     # pointing mscratch back to g_itrframe
31     csrw mscratch, a0
32
33     # call machine mode trap handling function
34     call handle_mtrap
35
36     # restore all registers, come back to the status before entering
37     # machine mode handling.
38     csrr t6, mscratch
39     restore_all_registers
40
41     mret
```

可以看到，mtrapvec 函数首先会将 a0 和原本的 mscratch 交换，而原本的 mscratch 之前保护的是 g_itrframe 的地址（g_itrframe 的定义在 kernel/machine/minit.c 的第 31 行“riscv_regs g_itrframe;”，也就是说，g_itrframe 是一个包含所有 RISC-V 通用寄存器的栈帧）。接下来，将 a0 的值赋给 t6（第 15 行），并将所有通用寄存器保存到 t6 寄存器所指定首地址的内存区域（该动作由第 16 行的 store_all_registers 完成）。因为 t0=a0=mscratch，所以通用寄存器最终保存到了 mscratch 所指向的内存区域，也就是 g_itrframe 中。第 18、19 行的作用是保护进入中断处理前 a0 寄存器的值到 g_itrframe。

接下来，mtrapvec 函数在第 23～28 行切换栈到 stack0（即 PKE 内核启动时用过的栈），并在第 34 行调用 handle_mtrap()函数。handle_mtrap()函数在 kernel/machine/mtrap.c 文件中定义：

```
20 void handle_mtrap() {
21   uint64 mcause = read_csr(mcause);
22   switch (mcause) {
23     case CAUSE_FETCH_ACCESS:
24       handle_instruction_access_fault();
25       break;
26     case CAUSE_LOAD_ACCESS:
27       handle_load_access_fault();
28     case CAUSE_STORE_ACCESS:
29       handle_store_access_fault();
30       break;
31     case CAUSE_ILLEGAL_INSTRUCTION:
32        // TODO (lab1_2): call handle_illegal_instruction to implement
illegal instruction
33       // interception, and finish lab1_2.
34        panic( "call handle_illegal_instruction to accomplish illegal
instruction interception for lab1_2.\n" );
35
36       break;
37     case CAUSE_MISALIGNED_LOAD:
38       handle_misaligned_load();
39       break;
40     case CAUSE_MISALIGNED_STORE:
41       handle_misaligned_store();
42       break;
43
44     default:
```

```
   45       sprint("machine trap(): unexpected mscause %p\n", mcause);
   46         sprint("                    mepc=%p  mtval=%p\n",  read_csr(mepc),
read_csr(mtval));
   47       panic( "unexpected exception happened in M-mode.\n" );
   48       break;
   49   }
   50 }
```

可以看到，handle_mtrap()函数对应该在 M 态处理的多项异常都进行了处理，处理的方式几乎全部是调用 panic()函数，让（模拟）RISC-V 机器停机。这里，由于我们尚未正确地处理 mcause 的值为 CAUSE_ILLEGAL_INSTRUCTION 的情况，所以，只需要将第 34 行的对 panic()函数的调用替换成对 handle_illegal_instruction()函数的调用，就可以完成 lab1_2。

需要注意的是，因为对于 PKE 而言，它只需要一次执行一个应用程序即可，所以我们可以调用 panic()让（模拟）RISC-V 机器停机，但是如果是实际的硬件机器，就要想办法将发生被 handle_mtrap()函数处理的异常的应用进程销毁。

- 实验完毕，记得提交修改（命令行中-m 后的字符串可自行确定），以便在后续实验中继承 lab1_2 中所做的工作：

```
$ git commit -a -m "my work on lab1_2 is done."
```

4. 答案解析

将 kernel/machine/mtrap.c 文件中的

```
   panic( "call handle_illegal_instruction to accomplish illegal instruction
interception for lab1_2.\n" );
```

替换成：

```
   handle_illegal_instruction();
```

替换原因如下。

调用 handle_illegal_instruction()函数，以完成异常处理的逻辑。

3.4 实验 lab1_3（外部）中断

1. 给定应用

- user/app_long_loop.c：

```
1 /*
2  * Below is the given application for lab1_3.
3  * This app performs a long loop, during which, timers are
4  * generated and pop messages to our screen.
5  */
6
7 #include "user_lib.h"
8 #include "util/types.h"
9
10 int main(void) {
11   printu("Hello world!\n");
12   int i;
13   for (i = 0; i < 100000000; ++i) {
14     if (i % 5000000 == 0) printu("wait %d\n", i);
15   }
16
```

```
17   exit(0);
18
19   return 0;
20 }
```

应用中包含一个长度为 100000000 次的循环，循环每次将整型变量 i 加 1，当 i 的值是 5000000 的整数倍时，输出“wait[i 的值]\n”。这个循环程序在我们的（模拟）RISC-V 机器上运行，显然将消耗一定的时间（实际上，你也可以把这个程序改成死循环，但并不会死机！**请读者做完 lab1_3 实验后思考为什么死循环不会导致死机**）。

● （先提交 lab1_2 的答案，然后）切换到 lab1_3，继承 lab1_2 以及之前实验所做的修改，并 make 后的直接运行构造结果如下：

```
//切换到 lab1_3
$ git checkout lab1_3_irq

//继承 lab1_2 以及之前实验所做的修改
$ git merge lab1_2_exception -m "continue to work on lab1_3"

//重新构造
$ make clean; make

//运行
$ spike ./obj/riscv-pke ./obj/app_long_loop
In m_start, hartid:0
HTIF is available!
(Emulated) memory size: 2048 MB
Enter supervisor mode...
Application: ./obj/app_long_loop
Application program entry point (virtual address): 0x000000008100007e
Switching to user mode...
Hello world!
wait 0
wait 5000000
wait 10000000
Ticks 0
lab1_3: increase g_ticks by one, and clear SIP field in sip register.

System is shutting down with exit code -1.
```

以上运行结果中，受篇幅所限，我们隐藏了前 3 个命令的运行结果。

从以上程序的运行结果来看，给定的程序并不是“不受干扰”地从开始运行到结束的，而是在运行过程中受到了系统的外部时钟中断（timer IRQ）的“干扰”！而我们在这个实验中给出的 PKE 操作系统内核，在时钟中断处理部分并未完成，导致（模拟）RISC-V 机器碰到第一个时钟中断后就会崩溃。

2．实验内容

完成 PKE 操作系统内核未完成的时钟中断处理过程，使得它能够完整地处理时钟中断。

实验完成后的运行结果：

```
$ spike ./obj/riscv-pke ./obj/app_long_loop
In m_start, hartid:0
HTIF is available!
```

```
(Emulated) memory size: 2048 MB
Enter supervisor mode...
Application: obj/app_long_loop
Application program entry point (virtual address): 0x000000008100007e
Switching to user mode...
Hello world!
wait 0
wait 5000000
wait 10000000
Ticks 0
wait 15000000
wait 20000000
Ticks 1
wait 25000000
wait 30000000
wait 35000000
Ticks 2
wait 40000000
wait 45000000
Ticks 3
wait 50000000
wait 55000000
wait 60000000
Ticks 4
wait 65000000
wait 70000000
Ticks 5
wait 75000000
wait 80000000
wait 85000000
Ticks 6
wait 90000000
wait 95000000
Ticks 7
User exit with code:0.
System is shutting down with exit code 0.
```

3．实验指导

在 lab1_2 中，我们已经接触了机器模式（M-mode）下的中断处理。在本实验中，我们接触的时钟中断也是在机器模式下触发的。为了处理时钟中断，我们的 PKE 代码在 lab1_2 的代码基础上，新增了以下内容。

在 m_start()函数（也就是机器模式的初始化函数）中新增了 timerinit()函数，timerinit()的函数定义在 kernel/machine/minit.c 文件中：

```
82 void timerinit(uintptr_t hartid) {
83   // fire timer irq after TIMER_INTERVAL from now.
84   *(uint64*)CLINT_MTIMECMP(hartid) = *(uint64*)CLINT_MTIME +
       TIMER_INTERVAL;
85
86   // enable machine-mode timer irq in MIE (Machine Interrupt Enable) csr.
87   write_csr(mie, read_csr(mie) | MIE_MTIE);
88 }
```

该函数首先在第 84 行设置了下一次时钟中断触发的时间，即当前时间的 TIMER_INTERVAL（即 1000000 个周期后，见 kernel/config.h 中的定义）之后。另外，在第 87 行设置了 mie（见 1.3 节）寄存器中的 MIE_MTIE 位，即允许我们的（模拟）RISC-V 机器在 M 模式处理时钟中断。

时钟中断触发后，kernel/machine/mtrap_vector.S 文件中的 mtrapvec 函数将被调用：

```
8 mtrapvec:
9     # mscratch -> g_itrframe (cf. kernel/machine/minit.c line 94)
10     # swap a0 and mscratch, so that a0 points to interrupt frame,
11     # i.e., [a0] = &g_itrframe
12     csrrw a0, mscratch, a0
13
14     # save the registers in g_itrframe
15     addi t6, a0, 0
16     store_all_registers
17     # save the original content of a0 in g_itrframe
18     csrr t0, mscratch
19     sd t0, 72(a0)
20
21     # switch stack (to use stack0) for the rest of machine mode
22     # trap handling.
23     la sp, stack0
24     li a3, 4096
25     csrr a4, mhartid
26     addi a4, a4, 1
27     mul a3, a3, a4
28     add sp, sp, a3
29
30     # pointing mscratch back to g_itrframe
31     csrw mscratch, a0
32
33     # call machine mode trap handling function
34     call handle_mtrap
35
36     # restore all registers, come back to the status before entering
37     # machine mode handling.
38     csrr t6, mscratch
39     restore_all_registers
40
41     mret
```

和 lab1_2 一样，最终将进入 handle_mtrap()函数继续处理。handle_mtrap()函数将对 mcause 寄存器的值进行判断，确认是时钟中断（CAUSE_MTIMER）后，将调用 handle_timer()函数进行进一步处理：

```
18 static void handle_timer() {
19   int cpuid = 0;
20   // setup the timer fired at next time (TIMER_INTERVAL from now)
21   *(uint64*)CLINT_MTIMECMP(cpuid) = *(uint64*)CLINT_MTIMECMP(cpuid) +
       TIMER_INTERVAL;
22
23   // setup a soft interrupt in sip (S-mode Interrupt Pending) to be handled
        in S-mode
24   write_csr(sip, SIP_SSIP);
25 }
26
27 //
28 // handle_mtrap calls a handling function according to the type of a machine
```

```
mode interrupt (trap).
    29 //
    30 void handle_mtrap() {
    31   uint64 mcause = read_csr(mcause);
    32   switch (mcause) {
    33     case CAUSE_MTIMER:
    34       handle_timer();
    35       break;
    36     case CAUSE_FETCH_ACCESS:
    37       handle_instruction_access_fault();
    38       break;
    39     case CAUSE_LOAD_ACCESS:
    40       handle_load_access_fault();
    41     case CAUSE_STORE_ACCESS:
    42       handle_store_access_fault();
    43       break;
    44     case CAUSE_ILLEGAL_INSTRUCTION:
    45       // TODO (lab1_2): call handle_illegal_instruction to implement
             illegal instruction
    46       // interception, and finish lab1_2.
    47       panic( "call handle_illegal_instruction to accomplish illegal
             instruction interception     for lab1_2.\n" );
    48
    49       break;
    50     case CAUSE_MISALIGNED_LOAD:
    51       handle_misaligned_load();
    52       break;
    53     case CAUSE_MISALIGNED_STORE:
    54       handle_misaligned_store();
    55       break;
    56
    57     default:
    58       sprint("machine trap(): unexpected mscause %p\n", mcause);
    59       sprint("mepc=%p mtval=%p\n", read_csr(mepc), read_csr(mtval));
    60       panic( "unexpected exception happened in M-mode.\n" );
    61       break;
    62   }
    63 }
```

handle_timer()函数会先设置下一次时钟（下一次）触发的时间为当前时间+TIMER_INTERVAL（第 21 行），并在 24 行对 sip 寄存器（S 模式的中断等待寄存器）进行设置，将其中的 SIP_SSIP 位进行设置，完成后返回。至此，时钟中断在 M 态的处理就结束了，剩下的动作交给 S 态继续处理。而 handle_timer()在第 23 行的动作，会导致 PKE 操作系统内核在 S 模式收到一个来自 M 态的时钟中断请求（CAUSE_MTIMER_S_TRAP）。

那么为什么操作系统内核不在 M 态完成对时钟中断的处理，而一定要将它“接力”给 S 态呢？这是因为，timer 事件对一个操作系统的意义在于，它是标记时间片的重要（甚至是唯一）手段，而将 CPU 事件分成若干时间片很大程度上是为了进行进程的调度（我们将在 lab2_3 中接触），同时，操作系统的操作大多数是在 S 态完成的。如果在 M 态处理时钟中断，虽然说特权级上允许这样的操作，但是处于 M 态的程序可能并不是非常清楚 S 态的操作系统的状态。如果贸然采取动作，可能会破坏操作系统本身的设计。

接下来，我们继续讨论时钟中断在 S 态的处理。我们直接来看 S 态的 C 处理函数，即位于 kernel/strap.c 中的 smode_trap_handler()函数：

```
48 void smode_trap_handler(void) {
49   // make sure we are in User mode before entering the trap handling.
50   // we will consider other previous case in lab1_3 (interrupt).
51   if ((read_csr(sstatus) & SSTATUS_SPP) != 0) panic("usertrap: not from
user mode");
52
53   assert(current);
54   // save user process counter.
55   current->trapframe->epc = read_csr(sepc);
56
57   // if the cause of trap is syscall from user application.
58   // read_csr() and CAUSE_USER_ECALL are macros defined in kernel/riscv.h
59   uint64 cause = read_csr(scause);
60
61   // we need to handle the timer trap @lab1_3.
62   if (cause == CAUSE_USER_ECALL) {
63     handle_syscall(current->trapframe);
64   } else if (cause == CAUSE_MTIMER_S_TRAP) {  //soft trap generated by timer
interrupt in M m    ode
65     handle_mtimer_trap();
66   } else {
67     sprint("smode_trap_handler(): unexpected scause %p\n", read_csr
       (scause));
68     sprint("sepc=%p stval=%p\n", read_csr(sepc), read_csr(stval));
69     panic( "unexpected exception happened.\n" );
70   }
71
72   // continue (come back to) the execution of current process.
73   switch_to(current);
74 }
```

我们看到，该函数首先读取scause寄存器的内容（第59行），如果该寄存器的内容等于CAUSE_MTIMER_S_TRAP，说明时钟中断动作是M态传递上来的，就调用handle_mtimer_trap()函数进行处理，而handle_mtimer_trap()函数的定义为

```
31 static uint64 g_ticks = 0;
32 //
33 // added @lab1_3
34 //
35 void handle_mtimer_trap() {
36   sprint("Ticks %d\n", g_ticks);
37   // TODO (lab1_3): increase g_ticks to record this "tick", and then clear
the "SIP"
38   // field in sip register.
39   // hint: use write_csr to disable the SIP_SSIP bit in sip.
40   panic( "lab1_3: increase g_ticks by one, and clear SIP field in sip
      register.\n" );
41
42 }
```

至此，我们就知道为什么会在之前看到“lab1_3: increase g_ticks by one, and clear SIP field in sip register.”这样的输出了，显然出现这样的输出是因为handle_mtimer_trap()的动作并未完成。

那么handle_mtimer_trap()需要完成哪些“后续动作”呢？首先，我们看到在handle_mtimer_trap()函数中定义了一个全局变量g_ticks，它用来对时钟中断的次数进行计

数，而第 36 行会输出该计数。为了确保我们的系统持续正常运行，该计数应在每次完成加 1 操作。所以，handle_mtimer_trap()首先需要对 g_ticks 进行加 1 操作；其次，由于处理完中断后，sip 寄存器中的 SIP_SSIP 位仍然为 1（由 M 态的中断处理函数设置），如果该位持续为 1 会导致我们的模拟 RISC-V 机器始终处于中断状态。所以，handle_mtimer_trap()还需要对 sip 寄存器的 SIP_SSIP 位清零，以保证下次发生时钟中断时，M 态的函数将该位设置为 1，并继而导致 S 模式的下一次中断。

- 实验完毕，记得提交修改（命令行中-m 后的字符串可自行确定），以便在后续实验中继承 lab1_3 中所做的工作：

```
$ git commit -a -m "my work on lab1_3 is done."
```

4. 答案解析

将 kernel/strap.c 文件中的

```
panic( "lab1_3: increase g_ticks by one, and clear SIP field in sip register.\n" );
```

替换成：

```
++g_ticks;
write_csr(sip, read_csr(sip) & ~SIP_SSIP);
```

替换原因如下。

首先要完成时钟计数器 g_ticks 的加 1 操作；接下来要将 sip 寄存器中的 SIP_SSIP 位清零，以接收下一次时钟 IRQ 信号，清零的方式是调用源代码已经定义好的 write_csr()和 read_csr()这两个宏。注意：如果未对 sip 寄存器的 SIP_SSIP 位进行清零，就无法持续地获得时钟中断信号的输入。

3.5 挑战实验

挑战实验包括打印用户程序调用栈、打印异常代码行，以及多核系统启动等内容（通过扫描二维码可获得挑战实验的指导文档）。

实验文档

注意：不同于基础实验，挑战实验的基础代码具有更大的不完整性，读者需要花费更多的精力理解 PKE 的源代码，通过互联网查阅相关的技术知识才能完成。另外，挑战实验的内容还可能随着时间的推移而有所更新。

第 4 章 实验 2——内存管理

4.1 实验 2 的基础知识

在实验 1 中，为了简化设计，我们采用了 Bare 模式来完成虚拟地址到物理地址的转换（实际上就是不进行地址转换，认为虚拟地址=物理地址），也未开启（模拟）RISC-V 机器的分页功能。在实验 2 中，我们将开启和使用 Sv39 页式 VMM。而页式 VMM 的开启对于机器来说是全局的，这就意味着无论是操作系统内核还是应用，都需要通过页表来完成虚拟地址到物理地址的转换。

实际上，我们在 1.5 节曾介绍过 RISC-V 的 Sv39 页式 VMM 方式，在本章，我们将尽量结合 PKE 实验代码讲解 RISC-V 的 Sv39 页式 VMM 机制，并通过 3 个基础实验加深读者对该机制的理解。

4.1.1 Sv39 虚拟地址管理方式回顾

我们先回顾一下 RISC-V 的 Sv39 虚拟地址管理方式（见 1.5 节），在该方式中，虚拟地址（就是我们的程序中各个符号在链接时被赋予的地址）通过页表转换为其对应的物理地址。由于我们使用的机器采用了 RV64G 指令集，这意味着虚拟地址和物理地址理论上都是 64 位的。然而，对于虚拟地址，实际上我们的应用规模还用不到全部 64 位地址空间，所以 Sv39 中只使用了 64 位虚拟地址中的低 39 位（Sv48 使用了低 48 位），这意味着我们的应用程序的虚拟地址空间大小可以达到 512GB；对于物理地址，目前的 RISC-V 设计只用到了其中的低 56 位。

4.1.2 物理内存布局与规划

PKE 实验用到的 RISC-V 机器，实际上是由 Spike 模拟出来的，例如，采用以下命令：

```
$ spike ./obj/riscv-pke ./obj/app_helloworld
```

Spike 将创建一个模拟 RISC-V 机器，该机器拥有一个支持 RV64G 指令集的处理器、

2GB 的（模拟）物理内存。实际上，我们可以通过在 spike 命令行中使用-m 选项指定模拟 RISC-V 机器的物理内存大小，如使用-m512 即可获得拥有 512MB 物理内存的模拟 RISC-V 机器。默认的（2GB 的物理内存）配置等效于-m2048，在之后对模拟 RISC-V 机器物理内存布局的讨论中，我们将只考虑默认配置以简化论述。另外，也可以在 spike 命令行中使用-p 选项指定模拟 RISC-V 机器中处理器的个数，这样就可以模拟出一个多核的 RISC-V 机器了。

需要注意的是，**对于我们的模拟 RISC-V 机器而言，2GB 的物理内存并不是从 0 地址开始编址的，而是从 0x80000000（见 kernel/memlayout.h 文件中的 DRAM_BASE 宏定义）开始编址的**。这样做的理由是，部分低物理地址空间[0x0, 0x80000000]并无物理内存与之对应，该空间用于 MMIO（Memory-Mapped I/O，内存映射 I/O）。例如，我们在 lab1_3 中遇到的 CLINT（时钟中断的产生就是通过往这个地址写数据控制的，见 kernel/riscv.h 文件中的 CLINT 定义）的地址是 0x2000000，该地址就位于这一空间。从 0x80000000 开始对物理内存进行编址的好处是：避免像 x86 平台那样产生内存空洞[memory hole，如 640KB~1MB 的 BIOS（Basic Input Output System，基本输入输出系统）空间]，从而导致内存的浪费和管理上的复杂性。

我们的代理内核（构造出来的./obj/riscv-pke 文件）的虚拟地址也是从 0x80000000 开始的（见 kernel/kernel.lds 文件中的内容）。Spike 将代理内核载入（模拟）物理内存时，也是将该代理内核的代码段、数据段载入 0x80000000 开始的内存空间，如图 4-1 所示。

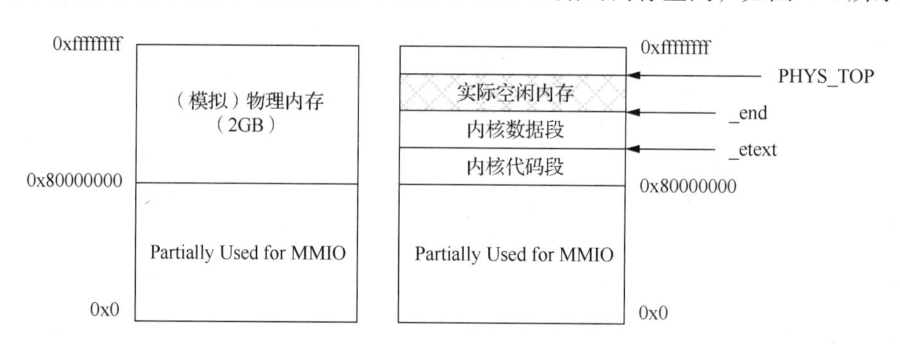

（a）RISC-V机器的初始内存布局　　（b）装入PKE操作系统内核后的内存布局

图 4-1　RISC-V 机器的初始内存布局和载入 PKE 操作系统内核后的内存布局

这样，操作系统内核的虚拟地址和物理地址就有了一一对应的关系，这也是我们在 lab1 中采用直映射模式（Bare Mode）不会出错的原因。这里需要解释的是对内核的机器模式栈的处理。通过实验 1，我们知道机器模式栈是一个大小为 4KB 的空间，它位于内核数据段，而不是专门为它分配一个额外的页面。这样（简单）处理的原因是 PKE 上运行的应用往往只有一个，是非常简单的多任务环境，且操作系统利用机器模式栈的时机，只有处理特殊的异常（如实验 1_2 中的非法指令异常），以及处理一些外部中断（如实验 1_3 中的时钟中断）这两种情况。

如图 4-1（b）所示，在 Spike 将 PKE 操作系统内核装入物理内存后，剩余的内存空间应该是从内核数据段的结束（_end 符号）到 0xffffffff。但是由于 PKE 操作系统内核的特殊性（它只需要支持给定应用的运行），实验 2 的代码将操作系统管理的空间进一步缩减，定义了一个操作系统需要管理的最大内存空间（见 kernel/config.h 文件。注：本章源代码均来自 lab2_1_pagetable 分支），从而提升实验代码的执行速度：

```
10 // the maximum memory space that PKE is allowed to manage. added @lab2_1
11 #define PKE_MAX_ALLOWABLE_RAM 128 * 1024 * 1024
12
13 // the ending physical address that PKE observes. added @lab2_1
14 #define PHYS_TOP (DRAM_BASE + PKE_MAX_ALLOWABLE_RAM)
```

可以看到，实验代码“人为”地将 PKE 操作系统所能管理的内存空间限制到了 128MB（即 PKE_MAX_ALLOWABLE_RAM 的定义）。同时，定义了 PHYS_TOP 为新的内存物理地址上限。实际上，kernel/pmm.c 文件所定义的 pmm_init()函数包含 PKE 对物理内存进行管理的逻辑：

```
63 void pmm_init() {
64   // start of kernel program segment
65   uint64 g_kernel_start = KERN_BASE;
66   uint64 g_kernel_end = (uint64)&_end;
67
68   uint64 pke_kernel_size = g_kernel_end - g_kernel_start;
69   sprint("PKE kernel start 0x%lx, PKE kernel end: 0x%lx, PKE kernel size: 
0x%lx .\n",
70     g_kernel_start, g_kernel_end, pke_kernel_size);
71
72   // free memory starts from the end of PKE kernel and must be page-aligined
73   free_mem_start_addr = ROUNDUP(g_kernel_end , PGSIZE);
74
75   // recompute g_mem_size to limit the physical memory space that our 
riscv-pke kernel
76   // needs to manage
77   g_mem_size = MIN(PKE_MAX_ALLOWABLE_RAM, g_mem_size);
78   if( g_mem_size < pke_kernel_size )
79     panic( "Error when recomputing physical memory size (g_mem_size).\n" );
80
81   free_mem_end_addr = g_mem_size + DRAM_BASE;
82     sprint("free physical memory address: [0x%lx, 0x%lx] \n", 
free_mem_start_addr,
83     free_mem_end_addr - 1);
84
85   sprint("kernel memory manager is initializing ...\n");
86   // create the list of free pages
87   create_freepage_list(free_mem_start_addr, free_mem_end_addr);
88 }
```

在第 77 行，pmm_init()函数会计算 g_mem_size，其值在 PKE_MAX_ALLOWABLE_RAM 和 Spike 所模拟的物理内存大小中取最小值，也就是说除非 spike 命令行中-m 选项后面所带的数字小于 128（即 128MB），g_mem_size 的大小将为 128MB。

另外，为了对空闲物理内存（地址范围为[_end,g_mem_size+DRAM_BASE（即 PHYS_TOP）]）进行有效管理，pmm_init()函数在第 87 行通过调用 create_freepage_list()函数定义了一个链表，该链表用于对空闲物理内存进行分配和回收。kernel/pmm.c 文件中包含所有对物理内存进行初始化、分配和回收的例程，它们的实现非常简单，感兴趣的读者请对文件中的函数进行阅读与理解。

4.1.3 PKE 操作系统内核和应用进程的虚拟地址空间结构

通过 4.1.2 小节的讨论，我们知道对于 PKE 内核来说，有“虚拟地址=物理地址”的关系成立，这也是在实验1中我们可以采用Bare模式进行地址映射的原因。采用Bare模式的地址映射，在进行内存访问时，无须经过页表和硬件进行虚拟地址到物理地址的转换。然而，在实验2中我们将采用Sv39虚拟地址管理方式，通过页表和硬件[由Spike模拟的MMU（Memory Management Unit，存储管理部件）]进行访存地址的转换。为实现这种转换，首先需要确定的就是将要转换的虚拟地址空间，即需要对哪部分虚拟地址空间进行转换。在PKE实验的实验2中，存在两个需要进行虚拟地址到物理地址转换的实体：一个是操作系统内核，另一个是我们的实验给定的应用程序所对应的进程。下面我们对它们分别讨论。

- 操作系统内核

操作系统内核的虚拟地址与物理地址存在一一对应的关系，但是在开启了Sv39虚拟地址管理VMM方式后，所有的虚拟地址到物理地址的转换都必须通过页表和硬件进行，所以，为操作系统内核建立页表是必不可少的工作。操作系统内核的虚拟地址空间可以简单地认为是从内核代码段的起始（即KERN_BASE=0x80000000）到物理地址的顶端（即PHYS_TOP），因为操作系统是系统中拥有最高权限的软件，需要实现对所有物理内存空间的直接管理。这个虚拟地址空间，即[KERN_BASE,PHYS_TOP]，所映射的物理地址空间也是[KERN_BASE，PHYS_TOP]。也就是说，对于PKE操作系统内核，我们在实验2中通过Sv39的页表，仍然保持和实验1一样的虚拟地址到物理地址的一一对应关系，如图4-2所示。在权限方面，内核代码段所对应的页面是可读可执行的；内核数据段及实际空闲内存空间，其权限为可读可写。

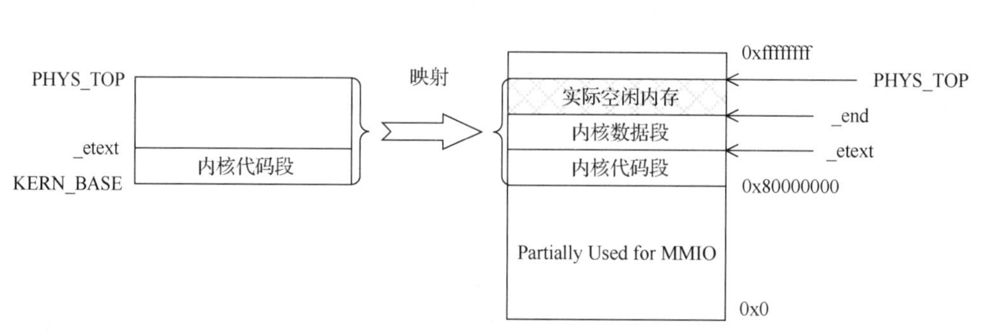

图4-2　PKE操作系统内核的虚拟地址空间到物理地址空间的映射

操作系统内核建立页表的过程可以参考kernel/vmm.c文件中kern_vm_init()函数的实现，需要说明的是，kern_vm_init()函数在PKE操作系统内核的S态初始化过程（s_start()函数）中被调用：

```
   120 void kern_vm_init(void) {
   121   // pagetable_t is defined in kernel/riscv.h. it's actually uint64*
   122   pagetable_t t_page_dir;
   123
   124   // allocate a page (t_page_dir) to be the page directory for kernel.
alloc_page is defined in kernel/pmm.c
   125   t_page_dir = (pagetable_t)alloc_page();
   126   // memset is defined in util/string.c
   127   memset(t_page_dir, 0, PGSIZE);
   128
   129   // map virtual address [KERN_BASE, _etext] to physical address
```

```
[DRAM_BASE, DRAM_BASE+(_etext - KERN_BASE)],
   130   // to maintain (direct) text section kernel address mapping.
   131    kern_vm_map(t_page_dir, KERN_BASE, DRAM_BASE, (uint64)_etext -
KERN_BASE,
   132          prot_to_type(PROT_READ | PROT_EXEC, 0));
   133
   134   sprint("KERN_BASE 0x%lx\n", lookup_pa(t_page_dir, KERN_BASE));
   135
   136   // also (direct) map remaining address space, to make them accessable
from kernel.
   137   // this is important when kernel needs to access the memory content of
user's app
   138   // without copying pages between kernel and user spaces.
   139    kern_vm_map(t_page_dir, (uint64)_etext, (uint64)_etext, PHYS_TOP -
(uint64)_etext,
   140          prot_to_type(PROT_READ | PROT_WRITE, 0));
   141
   142   sprint("physical address of _etext is: 0x%lx\n", lookup_pa(t_page_dir,
(uint64)_etext));
   143
   144   g_kernel_pagetable = t_page_dir;
   145 }
```

我们看到，kern_vm_init()函数首先从空闲物理内存中获取（分配）一个 t_page_dir 指针所指向的物理页（第 125 行），该页将作为内核页表的根目录（对应图 1-7 中的 VPN[2]）；接下来，将该页的内容清零（第 127 行），映射代码段到它对应的物理地址（第 131～132 行），映射数据段的起始到 PHYS_TOP 到它对应的物理地址空间（第 139～140 行）；最后记录内核页表的根目录页（第 144 行）。

● 实验给定的应用程序所对应的进程

对于实验 1 的所有应用，我们通过指定应用程序中所有的符号对应的虚拟地址的方法（参见 3.1.2 小节），将应用程序中的虚拟地址“强行”对应到图 4-1 所示“实际空闲内存”空间，并在 ELF 文件加载时将程序段加载到了这个内存空间中的对应位置，从而使得应用程序（所对应的进程）也可以采用类似操作系统内核那样的 Bare 模式。然而，这样做是因为实验 1 中的应用都是单进程应用，它们的执行并不会产生新的执行体（如子进程），所以可以采用指定虚拟地址的办法进行简化。但实际情况是，我们在代理内核上是可能会执行多进程应用的，特别是在开发板上验证多核 RISC-V 处理器的场景（我们在实验 3 中，将开始讨论在 PKE 实验中实现和完善进程的管理）。在这种场景下，无法保证应用所要求的虚拟地址空间“恰好”能找到对应的空闲物理地址空间。

这里，我们可以观察一下在未指定虚拟地址的情况下的应用对应的虚拟地址。首先切换到 lab2_1_pagetable 分支，然后构造内核和应用：

```
//切换到 lab2_1_pagetable 分支
$ git checkout lab2_1_pagetable
//构造内核和应用
$ make
//显示应用程序中将被加载的程序段
$ riscv64-unknown-elf-readelf -l ./obj/app_helloworld_no_lds

Elf file type is EXEC (Executable file)
Entry point 0x100f6
There is 1 program header, starting at offset 64
```

```
Program Headers:
  Type           Offset             VirtAddr           PhysAddr
                 FileSiz            MemSiz              Flags  Align
  LOAD           0x0000000000000000 0x0000000000010000 0x0000000000010000
                 0x0000000000000360 0x0000000000000360  R E    0x1000

 Section to Segment mapping:
  Segment Sections...
   00     .text .rodata
```

通过以上结果，我们看到，lab2_1 的应用 app_helloworld_no_lds（实际上就是 lab1_1 中的 app_helloworld，lab2_1 与 lab1_1 不同的地方在于 lab2_1 没有用到 lab1_1 中的 user/user.lds 来约束虚拟地址）只包含一个代码段，它的起始地址为 0x0000000000010000（即 0x10000）。

对比 4.1.2 小节中讨论的物理内存布局，我们知道对 Spike 模拟的 RISC-V 机器而言，并无处于 0x10000 的物理地址空间与其对应。这时我们就需要通过 Sv39 虚拟地址管理方式将以 0x10000 开始的代码段，映射到 app_helloworld_no_lds 中代码段实际被加载到的物理内存区域（显然位于图 4-1 中的“实际空闲内存”所标识的区域）。

PKE 实验 2 中的应用加载是通过 kernel/kernel.c 文件中的 load_user_program()函数来完成的：

```
38 void load_user_program(process *proc) {
39   sprint("User application is loading.\n");
40   // allocate a page to store the trapframe. alloc_page is defined in kernel/pmm.c. added @lab2_1
41   proc->trapframe = (trapframe *)alloc_page();
42   memset(proc->trapframe, 0, sizeof(trapframe));
43
44   // allocate a page to store page directory. added @lab2_1
45   proc->pagetable = (pagetable_t)alloc_page();
46   memset((void *)proc->pagetable, 0, PGSIZE);
47
48   // allocate pages to both user-kernel stack and user app itself. added @lab2_1
49   proc->kstack = (uint64)alloc_page() + PGSIZE;   //user kernel stack top
50   uint64 user_stack = (uint64)alloc_page();       //physical address of user stack bottom
51
52   // USER_STACK_TOP = 0x7ffff000, defined in kernel/memlayout.h
53   proc->trapframe->regs.sp = USER_STACK_TOP;  //virtual address of user stacktop
54
55   sprint("user frame 0x%lx, user stack 0x%lx, user kstack 0x%lx \n", proc->trapframe,
56          proc->trapframe->regs.sp, proc->kstack);
57
58   // load_bincode_from_host_elf() is defined in kernel/elf.c
59   load_bincode_from_host_elf(proc);
60
61   // populate the page table of user application. added @lab2_1
62   // map user stack in userspace, user_vm_map is defined in kernel/vmm.c
63    user_vm_map((pagetable_t)proc->pagetable, USER_STACK_TOP - PGSIZE, PGSIZE, user_stack,
64          prot_to_type(PROT_WRITE | PROT_READ, 1));
65
```

```
    66  // map trapframe in user space (direct mapping as in kernel space).
    67    user_vm_map((pagetable_t)proc->pagetable, (uint64)proc->trapframe,
PGSIZE, (uint64)proc->trapframe,
    68          prot_to_type(PROT_WRITE | PROT_READ, 0));
    69
    70  // map S-mode trap vector section in user space (direct mapping as in
kernel space)
    71  // here, we assume that the size of usertrap.S is smaller than a page.
    72    user_vm_map((pagetable_t)proc->pagetable, (uint64)trap_sec_start,
PGSIZE, (uint64)trap_sec_start,
    73          prot_to_type(PROT_READ | PROT_EXEC, 0));
    74 }
```

load_user_program()函数对应用进程虚拟地址空间的操作可以分成以下几个部分。

（1）（第 41～42 行）分配一个物理页面，将其作为栈帧（trapframe），即发生中断时保存用户进程执行上下文的内存空间。由于物理页面都是从位于物理地址范围为[_end,PHYS_TOP]的空间中分配的，它的首地址也将位于该区间。所以第 67～68 行的映射，也是做一个 proc->trapframe 到所分配页面的直映射（虚拟地址=物理地址）。

（2）（第 45～46 行）分配一个物理页面，将其作为存放进程页表根目录（对应图 1-7 中的 VPN[2]）的空间。

（3）（第 49 行）分配一个物理页面，将其作为用户进程的内核态栈，该栈将在用户进程进入中断处理时用作 S 模式内核处理函数使用的栈。然而，这个栈并未映射到用户进程的虚拟地址空间中，而是将其首地址保存在 proc->kstack 中。

（4）（第 50～53 行）再次分配一个物理页面，将其作为用户进程的用户态栈，该栈供应用在用户模式下使用，并在第 63～64 行映射到用户进程的虚拟地址 USER_STACK_TOP。

（5）（第 59 行）调用 load_bincode_from_host_elf()函数，该函数将读取应用所对应的 ELF 文件，并将其中的代码段读取到新分配的内存空间（物理地址位于[_end,PHYS_TOP]区间）。

（6）（第 72～73 行）将内核中的 S 态 trap 入口函数所在的物理页一一映射到用户进程的虚拟地址空间。

通过以上 load_user_program()函数进行的操作，我们可以大致绘制出用户进程的虚拟地址空间及其到物理地址空间的映射，如图 4-3 所示。

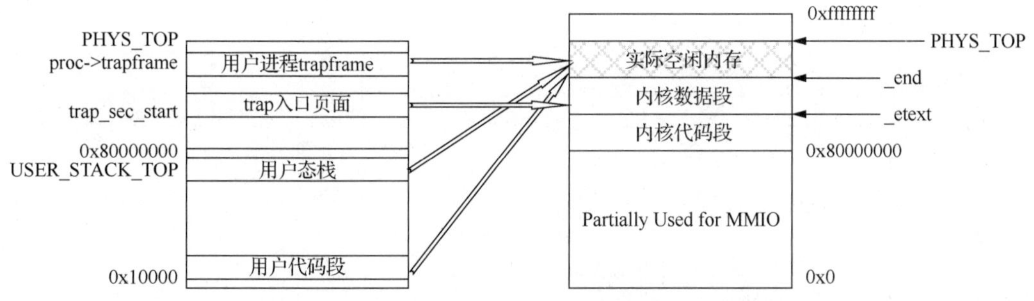

图 4-3　用户进程的虚拟地址空间及其到物理地址空间的映射

我们看到，用户进程在装入后，其虚拟地址空间中有 4 个区间建立了和物理地址空间的映射。从上往下观察，“用户进程 trapframe”和“trap 入口页面”的虚拟地址高于

0x80000000，且与承载它们的物理地址空间建立了一对一的映射关系。另外两个区间，即“用户态栈”和“用户代码段”的虚拟地址都低于 0x80000000，它们所对应的物理地址空间则都位于实际空闲内存区域，这种映射的虚拟地址显然不等于物理地址。

4.1.4 与页表操作相关的重要函数

实验 2 中与页表操作相关的函数都放在 kernel/vmm.c 文件中，其中比较重要的函数有如下几个。

（1）int map_pages(pagetable_t page_dir, uint64 va, uint64 size, uint64 pa, int perm);

该函数的第一个参数 page_dir 为页表根目录所在物理页面的首地址，第二个参数 va 为将要被映射的虚拟地址，第三个参数 size 为所要建立映射的区间的长度，第四个参数 pa 为虚拟地址 va 所要被映射到的物理地址首地址，第五个（最后的）参数 perm 为映射建立后页面访问的权限。

总的来说，该函数将在给定的 page_dir 所指向的页表根目录中，建立[va,va+size]到[pa,pa+size]的映射。

（2）pte_t *page_walk(pagetable_t page_dir, uint64 va, int alloc);

该函数的第一个参数 page_dir 为页表根目录所在物理页面的首地址，第二个参数 va 为所要查找（walk）的虚拟地址，第三个参数实际上是一个 bool 类型的参数：当它为 1 时，如果它所要查找的虚拟地址并未建立与物理地址的映射（图 1-7 中的 Page Medium Directory），则通过分配内存空间建立从页表根目录到页表的完整映射，并最终返回 va 所对应的 PTE；当它为 0 时，如果它所要查找的虚拟地址并未建立与物理地址的映射，返回 NULL，否则返回 va 所对应的 PTE。

（3）uint64 lookup_pa(pagetable_t pagetable, uint64 va);

该函数用于查找虚拟地址 va 所在虚拟页面地址（即将 va 低 12 位置 0）对应的物理页面地址。如果没有与 va 对应的物理页面地址，返回 NULL；否则，返回 va 对应的物理页面地址。

4.2 实验 lab2_1 虚实地址转换

1. 给定应用

- user/app_helloworld_no_lds.c：

```
1 /*
2  * Below is the given application for lab2_1.
3  * This app runs in its own address space, in contrast with in direct mapping.
4  */
5
6 #include "user_lib.h"
7 #include "util/types.h"
8
9 int main(void) {
10   printu("Hello world!\n");
11   exit(0);
12 }
```

该应用的代码与 lab1_1 中的是相似的。与 lab1_1 中不同的地方是，它的编译和链接并未指定程序中符号的虚拟地址。

● （先提交 lab1_3 的答案，然后）切换到 lab2_1，继承 lab1_3 以及之前实验所做的修改，并 make 后的直接运行结果如下：

```
//切换到 lab2_1
$ git checkout lab2_1_pagetable

//继承 lab1_3 以及之前实验所做的修改
$ git merge lab1_3_irq -m "continue to work on lab2_1"

//重新构造
$ make clean; make

//运行
$ spike ./obj/riscv-pke ./obj/app_helloworld_no_lds
In m_start, hartid:0
HTIF is available!
(Emulated) memory size: 2048 MB
Enter supervisor mode...
PKE kernel start 0x0000000080000000, PKE kernel end: 0x000000008000e000, PKE
kernel size: 0x000000000000e000 .
free physical memory address: [0x000000008000e000, 0x0000000087ffffff]
kernel memory manager is initializing ...
KERN_BASE 0x0000000080000000
physical address of _etext is: 0x0000000080004000
kernel page table is on
User application is loading.
user frame 0x0000000087fbc000, user stack 0x000000007ffff000, user kstack
0x0000000087fbb000
Application: ./obj/app_helloworld_no_lds
Application program entry point (virtual address): 0x00000000000100f6
Switching to user mode...
You have to implement user_va_to_pa (convert user va to pa) to print messages
in lab2_1.

System is shutting down with exit code -1.
```

从以上运行结果来看，我们的应用 app_helloworld_no_lds 并未如愿地输出“Hello world!”，这是因为 user/app_helloworld_no_lds.c 的第 10 行 printu("Hello world!\n");中的“Hello world!\n”字符串本质上存储在.rodata 节，它和代码段（.text）一起被装入内存。从虚拟地址结构来看，它的虚拟地址应该位于图 4-3 中的“用户代码段”，显然低于 0x80000000。

而 printu()是一个典型的系统调用（参考 lab1_1 的内容），它的执行逻辑是通过 ecall 指令，陷入内核（S 模式）完成到屏幕的输出。然而，对于内核而言，显然不能继续使用“Hello world!\n”字符串的虚拟地址对实际存储该字符串的内存进行访问，因为此时的虚拟地址是属于应用程序的，只有应用的页表才能正确将其翻译为正确的物理地址。为了获得“Hello world!\n”字符串，操作系统内核必须得到和使用实际存储该字符串的内存的物理地址（因为如图 4-3 所示，操作系统内核已建立了到“实际空闲内存”的直映射）。而 lab2_1 的代码，显然未实现这种转换。

2. 实验内容

实现 user_va_to_pa()函数，完成给定虚拟地址到物理地址的转换，并获得以下预期结果：

```
$ spike ./obj/riscv-pke ./obj/app_helloworld_no_lds
In m_start, hartid:0
HTIF is available!
(Emulated) memory size: 2048 MB
Enter supervisor mode...
PKE kernel start 0x0000000080000000, PKE kernel end: 0x000000008000e000, PKE kernel size: 0x000000000000e000 .
free physical memory address: [0x000000008000e000, 0x0000000087ffffff]
kernel memory manager is initializing ...
KERN_BASE 0x0000000080000000
physical address of _etext is: 0x0000000080004000
kernel page table is on
User application is loading.
user frame 0x0000000087fbc000, user stack 0x000000007ffff000, user kstack 0x0000000087fbb000
Application: ./obj/app_helloworld_no_lds
Application program entry point (virtual address): 0x00000000000100f6
Switching to user mode...
Hello world!
User exit with code:0.
System is shutting down with exit code 0.
```

3. 实验指导

读者可以参考 lab1_1 的内容，跟踪从应用的 printu()到 S 态的系统调用的完整路径，最终找到 kernel/syscall.c 文件中的 sys_user_print()函数：

```
21 ssize_t sys_user_print(const char* buf, size_t n) {
22   //buf is an address in user space on user stack,
23   //so we have to transfer it into physical address (kernel is running in direct mapping).
24   assert( current );
25   char* pa = (char*)user_va_to_pa((pagetable_t)(current->pagetable), (void*)buf);
26   sprint(pa);
27   return 0;
28 }
```

该函数最终在第 26 行通过调用 sprint()将结果输出，但是在输出前，需要将 buf 地址转换为物理地址传递给 sprint()，这一转换是通过 user_va_to_pa()函数完成的。而 user_va_to_pa()函数在 kernel/vmm.c 文件中定义：

```
150 void *user_va_to_pa(pagetable_t page_dir, void *va) {
151   // TODO (lab2_1): implement user_va_to_pa to convert a given user virtual address "va"
152   // to its corresponding physical address, i.e., "pa". To do it, we need to walk
153   // through the page table, starting from its directory "page_dir", to locate the PTE
154   // that maps "va". If found, returns the "pa" by using:
155   // pa = PYHS_ADDR(PTE) + (va - va & (1<<PGSHIFT -1))
156   // Here, PYHS_ADDR() means retrieving the starting address (4KB aligned), and
157   // (va - va & (1<<PGSHIFT -1)) means computing the offset of "va" in
```

```
its page.
    158   // Also, it is possible that "va" is not mapped at all. in such case,
we can find
    159   // invalid PTE, and should return NULL.
    160   panic( "You have to implement user_va_to_pa (convert user va to pa) to
print messages in lab2_1.\n" );
    161
    162 }
```

如注释中的提示所示，为了在 page_dir 所指向的页表中查找虚拟地址 va，就必须通过调用页表操作相关函数找到包含 va 的 PTE，通过该 PTE 的内容得知 va 所在的物理页面的首地址，最后通过计算 va 在页内的位移得到 va 最终对应的物理地址。

- 实验完毕，记得提交修改（命令行中-m 后的字符串可自行确定），以便在后续实验中继承 lab2_1 中所做的工作：

```
    $ git commit -a -m "my work on lab2_1 is done."
```

4. 答案解析

将 kernel/vmm.c 文件中的

```
    panic( "You have to implement user_va_to_pa (convert user va to pa) to print
messages in lab2_1.\n" );
```

替换成：

```
      uint64 page_addr = lookup_pa(page_dir, (uint64)va);
      if (!page_addr)
        return 0;
      else
        return (void *)(page_addr + ((uint64)va & ((1 << PGSHIFT) - 1)));
```

替换原因如下。

实验的目标是要获得用户态虚拟地址 va 对应的物理地址（即实现 user_va_to_pa()函数），并返回所获得的物理地址。实现的思路是：首先在 PKE 基础代码中定义的 lookup_pa()函数中通过带入进程页表和虚拟地址 va，获得 va 所对应的物理页的首地址；再将物理页的首地址加上 va 在页内的偏移，最终获得 va 对应的物理地址。

4.3 实验 lab2_2 简单内存分配和回收

1. 给定应用

- user/app_naive_malloc.c：

```
    1 /*
    2  * Below is the given application for lab2_2.
    3  */
    4
    5 #include "user_lib.h"
    6 #include "util/types.h"
    7
    8 struct my_structure {
    9   char c;
    10    int n;
    11 };
    12
    13 int main(void) {
    14   struct my_structure* s = (struct my_structure*)naive_malloc();
```

```
15   s->c = 'a';
16   s->n = 1;
17
18   printu("s: %lx, {%c %d}\n", s, s->c, s->n);
19
20   naive_free(s);
21
22   exit(0);
23 }
```

该应用的逻辑非常简单：分配空间（内存页面）来存放 my_structure 结构，往 my_structure 结构体的实例中存储信息、输出信息，并将之前所分配的空间释放。这里，新定义了两个用户态函数 naive_malloc()和 naive_free()，它们最终会转换成系统调用，完成内存的分配和回收操作。

● （先提交 lab2_1 的答案，然后）切换到 lab2_2，继承 lab2_1 以及之前实验所做的修改，并进行重构后的直接运行结果如下：

```
//切换到 lab2_2
$ git checkout lab2_2_allocatepage

//继承 lab2_1 以及之前实验所做的修改
$ git merge lab2_1_pagetable -m "continue to work on lab2_2"

//重新构造
$ make clean; make

//运行
$ spike ./obj/riscv-pke ./obj/app_naive_malloc
In m_start, hartid:0
HTIF is available!
(Emulated) memory size: 2048 MB
Enter supervisor mode...
PKE kernel start 0x0000000080000000, PKE kernel end: 0x000000008000e000, PKE kernel size: 0x000000000000e000 .
free physical memory address: [0x000000008000e000, 0x0000000087ffffff]
kernel memory manager is initializing ...
KERN_BASE 0x0000000080000000
physical address of _etext is: 0x0000000080004000
kernel page table is on
User application is loading.
user frame 0x0000000087fbc000, user stack 0x000000007ffff000, user kstack 0x0000000087fbb000
Application: ./obj/app_naive_malloc
Application program entry point (virtual address): 0x0000000000010078
Switching to user mode...
s: 0000000000400000, {a 1}
You have to implement user_vm_unmap to free pages using naive_free in lab2_2.

System is shutting down with exit code -1.
```

从运行结果来看，“s: 0000000000400000, {a 1}”说明分配内存的操作已经做好（也就是说，naive_malloc()函数及其内核功能的实现已完成），且输出了我们预期的结果。但是，naive_free()对应的功能并未完全实现。

2. 实验内容

如运行结果所提示的那样，需要实现 naive_free()对应的功能，并获得以下预期的结果输出：

```
$ spike ./obj/riscv-pke ./obj/app_naive_malloc
In m_start, hartid:0
HTIF is available!
(Emulated) memory size: 2048 MB
Enter supervisor mode...
PKE kernel start 0x0000000080000000, PKE kernel end: 0x000000008000e000, PKE kernel size: 0x000000000000e000 .
free physical memory address: [0x000000008000e000, 0x0000000087ffffff]
kernel memory manager is initializing ...
KERN_BASE 0x0000000080000000
physical address of _etext is: 0x0000000080004000
kernel page table is on
User application is loading.
user frame 0x0000000087fbc000, user stack 0x000000007ffff000, user kstack 0x0000000087fbb000
Application: ./obj/app_naive_malloc
Application program entry point (virtual address): 0x0000000000010078
Switching to user mode...
s: 0000000000400000, {a 1}
User exit with code:0.
System is shutting down with exit code 0.
```

3. 实验指导

一般来说，应用程序执行过程中的动态内存分配和回收，是操作系统中的堆（Heap）管理的内容。在本实验中，我们实际上是为 PKE 操作系统内核实现一个简单到不能再简单的“堆”。为了实现 naive_free()的内存回收过程，我们需要了解其对偶过程，即内存是如何“分配”给应用程序，并供后者使用的。为此，我们先阅读 kernel/syscall.c 文件中的 naive_malloc()函数的底层实现：

```
42 uint64 sys_user_allocate_page() {
43   void* pa = alloc_page();
44   uint64 va = g_ufree_page;
45   g_ufree_page += PGSIZE;
46   user_vm_map((pagetable_t)current->pagetable, va, PGSIZE, (uint64)pa,
47          prot_to_type(PROT_WRITE | PROT_READ, 1));
48
49   return va;
50 }
```

sys_user_allocate_page()函数在第 43 行分配了一个首地址为 pa 的物理页面，这个物理页面以何种方式映射给应用进程使用呢？第 44 行给出了 pa 对应的虚拟地址 va=g_ufree_page，并在第 45 行对 g_ufree_page 进行了递增操作。在第 46～47 行，将 pa 映射给了 va。在这个过程中，g_ufree_page 是如何定义的呢？我们可以找到它在 kernel/process.c 文件中的定义：

```
27 // points to the first free page in our simple heap. added @lab2_2
28 uint64 g_ufree_page = USER_FREE_ADDRESS_START;
```

而 USER_FREE_ADDRESS_START 的定义在 kernel/memlayout.h 文件中：

```
17 // start virtual address (4MB) of our simple heap. added @lab2_2
18 #define USER_FREE_ADDRESS_START 0x00000000 + PGSIZE * 1024
```

可以看到，在我们的 PKE 操作系统内核中，应用程序执行过程中动态分配（类似

malloc）的内存被映射到以 USER_FREE_ADDRESS_START（4MB）开始的地址的。那么，这里的 USER_FREE_ADDRESS_START 对应图 4-3 中的用户进程的虚拟地址空间的哪个部分呢？**这一点请读者自行判断，并分析为什么是 4MB，以及能不能用其他的虚拟地址。**

在了解了内存的分配过程后，我们就能够大概了解其回收过程应该怎么做了，大概分为以下几个步骤：

（1）找到一个给定 va 所对应的 PTE（查阅 4.1.4 小节，看哪个函数能满足此需求）；

（2）如果找到（忽略找不到的情形），通过该 PTE 的内容获取 va 所对应物理页的首地址 pa；

（3）回收 pa 对应的物理页，并将 PTE 中的 Valid 位置为 0。

在本实验中若出现 M 模式的非法异常“unexpected exception happened in M-mode.”，说明 naive_malloc()对应的系统调用未返回正确的虚拟地址。解决问题的方法是：回头检查你在 lab1_1 中所得出的答案！

● 实验完毕，记得提交修改（命令行中-m 后的字符串可自行确定），以便在后续实验中继承 lab2_2 中所做的工作：

```
$ git commit -a -m "my work on lab2_2 is done."
```

4. 答案解析

将 kernel/vmm.c 文件中的

```
panic( "You have to implement user_vm_unmap to free pages using naive_free in lab2_2.\n" );
```

替换成：

```
  pte_t *pte;

  if ((va % PGSIZE) != 0) panic("uvmunmap: not aligned");

  for (uint64 a = va; a < va + size; a += PGSIZE) {
    if ((pte = page_walk(page_dir, a, 0)) == 0) panic("uvmunmap: walk");
    if ((*pte & PTE_V) == 0) panic("uvmunmap: not mapped");
    if (PTE_FLAGS(*pte) == PTE_V) panic("uvmunmap: not a leaf");
    if (free) {
      uint64 pa = PTE2PA(*pte);
      free_page((void *)pa);
    }
    *pte = 0;
  }
```

替换原因如下。

实验的目标是完成 user_vm_unmap()函数的实现，该函数的原型为

```
void user_vm_unmap(pagetable_t page_dir, uint64 va, uint64 size, int free)
```

其中，page_dir 为进程的页目录，va 为虚拟地址，size 为虚拟地址空间的长度，free 代表在完成解除映射（unmap）后是否将虚拟地址对应的物理页面回收。函数所实现的目标功能是将[va, va+size]这一段虚拟地址空间从进程（其页目录为 page_dir）中解除映射（unmap），由 free 决定是否将之前映射到该虚拟地址空间的物理页面回收。

实现该函数的方法是：定义一个循环，该循环遍历[va, va+size]这段虚拟地址空间，每次处理一个（虚）页面，每个被处理的虚页面受限于获得该页面的 PTE，通过对该 PTE 清零的办法完成解除映射动作。

4.4 实验 lab2_3 缺页异常

1. 给定应用

● user/app_sum_sequence.c：

```
1 /*
2  * The application of lab2_3.
3  */
4
5 #include "user_lib.h"
6 #include "util/types.h"
7
8 //
9 // compute the summation of an arithmetic sequence. for a given "n", compute
10 // result = n + (n-1) + (n-2) + ... + 0
11 // sum_sequence() calls itself recursively till 0. The recursive call, 
however,
12 // may consume more memory (from stack) than a physical 4KB page, leading 
to a page fault.
13 // PKE kernel needs to improved to handle such page fault by expanding 
the stack.
14 //
15 uint64 sum_sequence(uint64 n) {
16   if (n == 0)
17     return 0;
18   else
19     return sum_sequence( n-1 ) + n;
20 }
21
22 int main(void) {
23   // we need a large enough "n" to trigger pagefaults in the user stack
24   uint64 n = 1000;
25
26   printu("Summation of an arithmetic sequence from 0 to %ld is: %ld \n", 
n, sum_sequence(1000) );
27   exit(0);
28 }
```

给定一个递增的等差数列 0,1,2,⋯,n，如何求该数列的和？以上的应用给出了它的递归（recursive）解法。通过定义一个函数 sum_sequence(n)，将求和问题转换为“sum_sequence(n-1) + n”的问题。问题中 n 依次递减，直至为 0 时令 sum_sequence(0)=0。

●（先提交 lab2_2 的答案，然后）切换到 lab2_3，继承 lab2_2 以及之前实验所做的修改，并 make 后的直接运行结果如下：

```
//切换到 lab2_3
$ git checkout lab2_3_pagefault

//继承 lab2_2 以及之前实验所做的修改
$ git merge lab2_2_allocatepage -m "continue to work on lab2_3"

//重新构造
$ make clean; make

//运行
```

```
$ spike ./obj/riscv-pke ./obj/app_sum_sequence
In m_start, hartid:0
HTIF is available!
(Emulated) memory size: 2048 MB
Enter supervisor mode...
PKE kernel start 0x0000000080000000, PKE kernel end: 0x000000008000e000, PKE
kernel size: 0x000000000000e000 .
free physical memory address: [0x000000008000e000, 0x0000000087ffffff]
kernel memory manager is initializing ...
KERN_BASE 0x0000000080000000
physical address of _etext is: 0x0000000080004000
kernel page table is on
User application is loading.
user frame 0x0000000087fbc000, user stack 0x000000007ffff000, user kstack
0x0000000087fbb000
Application: ./obj/app_sum_sequence
Application program entry point (virtual address): 0x0000000000010096
Switching to user mode...
handle_page_fault: 000000007fffdff8
You need to implement the operations that actually handle the page fault in
lab2_3.

System is shutting down with exit code -1.
```

在以上运行结果中为什么会出现“handle_page_fault”呢？这就跟我们给出的应用程序（计算等差数列的和）有关了。递归解法的特点是，函数调用的路径会被完整地保存在栈（Stack）中，也就是说，函数的下一次调用会将上一次调用的现场（包括参数）压栈，直到 n=0 时依次返回到最开始给定的 n 值，从而得到最终的计算结果。显然，在以上计算等差数列的和的程序中，n 值给得越大，就会导致栈越深，而栈越深需要的内存空间也就越大。

通过 4.1.3 小节中对用户进程的虚拟地址空间的讨论，以及图 4-3 的展示，我们知道应用程序最开始被载入（并装配为用户进程）时，它的用户态栈空间（栈底为 0x7ffff000，即 USER_STACK_TOP）仅有 1 个 4KB 的页面。显然，只要以上的程序给出的 n 值“足够”大，就一定会“压爆”用户态栈。而以上运行结果中，出问题的地方（即 handle_page_fault 后出现的地址，0x7fffdff8）也恰恰在用户态栈所对应的空间。

以上分析表明，之所以运行./obj/app_sum_sequence 会出现错误（handle_page_fault），是因为给 sum_sequence()函数的 n 值太大，把用户态栈“压爆”了。

2. 实验内容

在 PKE 操作系统内核中完善用户态栈空间的管理，使得它能够正确处理用户进程的“压栈”请求。

实验完成后的运行结果：

```
$ spike ./obj/riscv-pke ./obj/app_sum_sequence
In m_start, hartid:0
HTIF is available!
(Emulated) memory size: 2048 MB
Enter supervisor mode...
PKE kernel start 0x0000000080000000, PKE kernel end: 0x000000008000e000, PKE
kernel size: 0x000000000000e000 .
free physical memory address: [0x000000008000e000, 0x0000000087ffffff]
kernel memory manager is initializing ...
```

```
KERN_BASE 0x0000000080000000
physical address of _etext is: 0x0000000080004000
kernel page table is on
User application is loading.
user frame 0x0000000087fbc000, user stack 0x000000007ffff000, user kstack 0x0000000087fbb000
Application: ./obj/app_sum_sequence
Application program entry point (virtual address): 0x0000000000010096
Switching to user mode...
handle_page_fault: 000000007fffdff8
handle_page_fault: 000000007fffcff8
handle_page_fault: 000000007fffbff8
Summation of an arithmetic sequence from 0 to 1000 is: 500500
User exit with code:0.
System is shutting down with exit code 0.
```

3. 实验指导

本实验需要结合 lab1_2 中的异常处理知识，但要注意的是，lab1_2 中我们处理的是非法指令异常，对该异常的处理足够操作系统将应用进程“杀死”。本实验中，我们处理的是缺页异常（app_sum_sequence.c 执行的显然是“合法”操作），不能也不应该将应用进程“杀死”。正确的做法是：首先，通过异常的类型判断我们处理的确实是缺页异常；接下来，判断发生缺页的是不是用户态栈空间，如果是则分配一个物理页空间，最后将该空间通过 vm_map“黏”到用户栈上以扩充用户栈空间。

另外，lab1_2 中的非法指令异常是在 M 模式下处理的，这样做的原因是我们根本没有将该异常代理给 S 模式。但是，本实验中的缺页异常是不是也需要在 M 模式下处理呢？我们先回顾一下 kernel/machine/minit.c 文件中的 delegate_traps()函数：

```
55 static void delegate_traps() {
56   // supports_extension macro is defined in kernel/riscv.h
57   if (!supports_extension('S')) {
58   // confirm that our processor supports supervisor mode. abort if it does not.
59     sprint("S mode is not supported.\n");
60     return;
61   }
62
63   // macros used in following two statements are defined in kernel/riscv.h
64   uintptr_t interrupts = MIP_SSIP | MIP_STIP | MIP_SEIP;
65   uintptr_t exceptions = (1U << CAUSE_MISALIGNED_FETCH) | (1U << CAUSE_FETCH_PAGE_FAULT) |
66                  (1U << CAUSE_BREAKPOINT) | (1U << CAUSE_LOAD_PAGE_FAULT) |
67                  (1U << CAUSE_STORE_PAGE_FAULT) | (1U << CAUSE_USER_ECALL);
68
69   // writes 64-bit values (interrupts and exceptions) to 'mideleg' and 'medeleg' (two
70   // priviledged registers of RV64G machine) respectively.
71   //
72   // write_csr and read_csr are macros defined in kernel/riscv.h
73   write_csr(mideleg, interrupts);
74   write_csr(medeleg, exceptions);
75   assert(read_csr(mideleg) == interrupts);
76   assert(read_csr(medeleg) == exceptions);
77 }
```

在本实验的应用中，缺页异常在本质上是应用往未被映射的内存空间“写”（以及后续的访问）所导致的，所以CAUSE_STORE_PAGE_FAULT是我们应该关注的异常。通过阅读delegate_traps()函数代码，我们看到该函数显然已将缺页异常（CAUSE_STORE_PAGE_FAULT）代理给了S模式。所以，接下来我们就应阅读kernel/strap.c文件中对这类异常的处理：

```
52 void handle_user_page_fault(uint64 mcause, uint64 sepc, uint64 stval) {
53   sprint("handle_page_fault: %lx\n", stval);
54   switch (mcause) {
55     case CAUSE_STORE_PAGE_FAULT:
56     // TODO (lab2_3): implement the operations that solve the page fault to
57     // dynamically increase application stack.
58     // hint: first allocate a new physical page, and then, maps the new
page to the
59     // virtual address that causes the page fault.
60       panic( "You need to implement the operations that actually handle
the page fault in lab 2_3.\n" );
61
62       break;
63     default:
64       sprint("unknown page fault.\n");
65       break;
66   }
67 }
```

这里，我们找到了之前运行./obj/app_sum_sequence出错的地方，我们只需要改正这一错误并实现缺页处理，使得程序获得正确的输出即可。实现缺页处理的思路如下。

（1）通过输入的参数stval（该参数存放的是发生缺页异常时，程序想要访问的虚拟地址）判断缺页的虚拟地址在用户进程虚拟地址空间中的位置，看是不是比USER_STACK_TOP小，且比我们预设的可能的用户栈的最小栈底指针要大（这里，我们可以给用户栈空间设置一个上限，例如20个4KB的页面），若是，则为合法的虚拟地址（本例中不必实现此判断，默认虚拟地址合法）。

（2）分配一个物理页，将所分配的物理页面映射到stval所对应的虚拟地址上。

- 实验完毕，记得提交修改（命令行中-m后的字符串可自行确定），以便在后续实验中继承lab2_3中所做的工作：

```
$ git commit -a -m "my work on lab2_3 is done."
```

4. 答案解析

将kernel/strap.c文件中的

```
panic( "You need to implement the operations that actually handle the page
fault in lab2_3.\n" );
```

替换成：

```
    {
    uint64 newpage = (uint64)alloc_page();
        user_vm_map((pagetable_t)current->pagetable, ROUNDDOWN(stval,
          PGSIZE), PGSIZE, newpage,
          prot_to_type(PROT_WRITE | PROT_READ, 1));
    }
```

替换原因如下。

实验的目标是完成handle_user_page_fault()函数中对于mcause == CAUSE_STORE_

PAGE_FAULT 的处理，该函数的原型为

```
void handle_user_page_fault(uint64 mcause, uint64 sepc, uint64 stval)
```

其中，mcause 为发生异常的原因，sepc 为发生异常的那条指令所对应的 pc 值，而对于缺页异常（即 CAUSE_STORE_PAGE_FAULT）而言，stval 的值为发生异常的那条指令所访问的地址。那么，为了恰当地处理栈上所发生的缺页异常（即 lab2_3 的内容），应该新分配一个物理页面，将该页面“贴”到栈上，使栈变得更大。我们的答案（替换内容）完成了这一动作，完成的方法是通过 alloc_page()分配一个物理页，然后调用 user_vm_map()函数，把新分配的页面映射到栈上。注意：采用 user_vm_map()函数进行映射的时候，一定要先对 stval 进行 ROUNDDOWN 操作，获得虚页的首地址。另外，一定要注意将权限设置为 PROT_WRITE | PROT_READ，user=1。

4.5 挑战实验

挑战实验包括复杂缺页异常处理、堆空间管理，以及多核环境下的内存管理等内容（通过扫描二维码可获得挑战实验的指导文档）。

实验文档

注意：不同于基础实验，挑战实验的基础代码具有更大的不完整性，读者需要花费更多的精力理解 PKE 的源代码，通过互联网查阅相关的技术知识才能完成。另外，挑战实验的内容还可能随着时间的推移而有所更新。

第 5 章 实验 3——进程管理

5.1 实验 3 的基础知识

完成了实验 1 和实验 2 的读者，应该对 PKE 实验中的“进程”不会太陌生。实际上，我们从最开始的 lab1_1 开始就接触了进程结构（Struct Process），在之前的实验中，进程结构中非常重要的成员是 trapframe 和 kstack，它们分别用来记录系统进入 S 模式前的进程上下文以及进入 S 模式后的操作系统栈。在实验 3，我们将进入多任务环境，完成 PKE 实验环境下的进程创建、进程 yield，以及循环轮转调度实验。

5.1.1 多任务环境下进程的封装

实验 3 跟实验 1 和实验 2 最大的不同在于，在实验 3 的 3 个基础实验中，PKE 操作系统需要支持多个进程的执行。为了对多任务环境进行支撑，PKE 操作系统定义了一个“进程池”（见 kernel/process.c 文件，注：本章源代码均来自 lab3_1_fork 分支）：

```
29 // process pool. added @lab3_1
30 process procs[NPROC];
```

实际上，这个进程池就是一个包含 NPROC（NPROC=32，见 kernel/process.h 文件）个进程结构的数组。

PKE 操作系统对进程结构进行扩充（见 kernel/process.h 文件）：

```
73   // points to a page that contains mapped_regions. below are added @lab3_1
74   mapped_region *mapped_info;
75   // next free mapped region in mapped_info
76   int total_mapped_region;
77
78   // heap management
79   process_heap_manager user_heap;
80
81   // process id
82   uint64 pid;
```

```
83   // process status
84   int status;
85   // parent process
86   struct process_t *parent;
87   // next queue element
88   struct process_t *queue_next;
```

- mapped_info 和 total_mapped_region 用于对进程的虚拟地址空间（其中的代码段、堆栈段等）进行跟踪，这些虚拟地址空间在进程创建时，将发挥重要作用。同时，这也是 lab3_1 的内容。PKE 将进程可能拥有的段分为以下几个类型：

```
36 enum segment_type {
37   STACK_SEGMENT = 0,   // runtime stack segment
38   CONTEXT_SEGMENT, // trapframe segment
39   SYSTEM_SEGMENT,  // system segment
40   HEAP_SEGMENT,    // runtime heap segment
41   CODE_SEGMENT,    // ELF segment
42   DATA_SEGMENT,    // ELF segment
43 };
```

其中，STACK_SEGMENT 为进程自身的栈段，CONTEXT_SEGMENT 为保存进程上下文的 trapframe 所对应的段，SYSTEM_SEGMENT 为进程的系统段（如进程所映射的异常处理段），HEAP_SEGMENT 为进程的堆段，CODE_SEGMENT 为从可执行 ELF 文件中加载的代码段，DATA_SEGMENT 为从 ELF 文件中加载的数据段。

- user_heap 是用来管理进程的堆段的结构体，在实验 3 以及之后的实验中，PKE 堆的实现发生了改变。由于多进程的存在，进程的堆不能再简单地定义为一个全局的数组。现在，每个进程有了一个专属的堆段 HEAP_SEGMENT，并新增了 user_heap 成员对进程的堆区进行管理。该结构体类型定义如下（位于 kernel/process.h）：

```
52 typedef struct process_heap_manager {
53   // points to the last free page in our simple heap.
54   uint64 heap_top;
55   // points to the bottom of our simple heap.
56   uint64 heap_bottom;
57
58   // the address of free pages in the heap
59   uint64 free_pages_address[MAX_HEAP_PAGES];
60   // the number of free pages in the heap
61   uint32 free_pages_count;
62 }process_heap_manager;
```

该结构体维护了当前进程的堆的堆顶（heap_top）和堆底（heap_bottom），以及一个用来回收空闲块的数组（free_pages_address）。user_heap 的初始化过程见 5.1.2 小节的 alloc_process() 函数的介绍。另外，读者可以阅读位于 kernel/syscall.c 下的新的 sys_user_allocate_page() 和 sys_user_free_page()系统调用，阅读它们有助于理解进程的堆区是如何维护的。

sys_user_allocate_page()函数定义如下：

```
45 uint64 sys_user_allocate_page() {
46   void* pa = alloc_page();
47   uint64 va;
48   // if there are previously reclaimed pages, use them first (this does
not change the
49   // size of the heap)
50   if (current->user_heap.free_pages_count > 0) {
51     va = current->user_heap.free_pages_address[--current->user_heap.
free_pages_count];
```

```
52      assert(va < current->user_heap.heap_top);
53    } else {
54      // otherwise, allocate a new page (this increases the size of the heap
by one page)
55      va = current->user_heap.heap_top;
56      current->user_heap.heap_top += PGSIZE;
57
58      current->mapped_info[HEAP_SEGMENT].npages++;
59    }
60    user_vm_map((pagetable_t)current->pagetable, va, PGSIZE, (uint64)pa,
61      prot_to_type(PROT_WRITE | PROT_READ, 1));
62
63    return va;
64  }
```

在 sys_user_allocate_page()中，当用户尝试从堆上分配一块内存时，首先会在 free_pages_address 中查看是否有被回收的空闲块。如果有，则直接从 free_pages_address 中分配；如果没有，则扩展堆顶指针 heap_top，分配新的内存。

sys_user_free_page()函数定义如下：

```
69  uint64 sys_user_free_page(uint64 va) {
70    user_vm_unmap((pagetable_t)current->pagetable, va, PGSIZE, 1);
71    // add the reclaimed page to the free page list
72    current->user_heap.free_pages_address[current->user_heap.free_pages_
count++] = va;
73    return 0;
74  }
```

在 sys_user_free_page()中，当堆上的页被释放时，对应的物理页也会被释放，并将相应的虚拟页地址暂存在 free_pages_address 中。

- pid 是进程的 ID，具有唯一性。
- status 记录了进程的状态，PKE 操作系统在实验 3 中给进程规定了以下几种状态。

```
27  enum proc_status {
28    FREE,            // unused state
29    READY,           // ready state
30    RUNNING,         // currently running
31    BLOCKED,         // waiting for something
32    ZOMBIE,          // terminated but not reclaimed yet
33  };
```

其中，FREE 为自由态，表示进程结构可用；READY 为就绪态，表示进程所需的资源都已准备好，可以被调度执行；RUNNING 表示进程处于正在运行的状态；BLOCKED 表示进程处于阻塞状态；ZOMBIE 表示进程处于“僵尸”状态，进程的资源可以被释放和回收。

- parent 用于记录进程的父进程。
- queue_next 用于将进程链接进各类队列（如就绪队列）。
- tick_count 用于对进程进行记账，即记录它的执行经历了多少次的时钟中断事件，将在 lab3_3 中实现循环轮转调度时使用。

5.1.2 进程的启动与终止

在 PKE 实验中，创建一个进程需要先调用 kernel/process.c 文件中的 alloc_process()函数：

```
89  process* alloc_process() {
```

```
90    // locate the first usable process structure
91    int i;
92
93    for( i=0; i<NPROC; i++ )
94      if( procs[i].status == FREE ) break;
95
96    if( i>=NPROC ){
97      panic( "cannot find any free process structure.\n" );
98      return 0;
99    }
100
101   // init proc[i]'s vm space
102   procs[i].trapframe = (trapframe *)alloc_page();  //trapframe, used to
       save context
103   memset(procs[i].trapframe, 0, sizeof(trapframe));
104
105   // page directory
106   procs[i].pagetable = (pagetable_t)alloc_page();
107   memset((void *)procs[i].pagetable, 0, PGSIZE);
108
109   procs[i].kstack = (uint64)alloc_page() + PGSIZE; //user kernel stack top
110   uint64 user_stack = (uint64)alloc_page();      //physical address of
       user stack bottom
111   procs[i].trapframe->regs.sp = USER_STACK_TOP;  //virtual address of
       user stack top
112
113   // allocates a page to record memory regions (segments)
114   procs[i].mapped_info = (mapped_region*)alloc_page();
115   memset( procs[i].mapped_info, 0, PGSIZE );
116
117   // map user stack in userspace
118   user_vm_map((pagetable_t)procs[i].pagetable, USER_STACK_TOP - PGSIZE,
       PGSIZE,
119     user_stack, prot_to_type(PROT_WRITE | PROT_READ, 1));
120   procs[i].mapped_info[STACK_SEGMENT].va = USER_STACK_TOP - PGSIZE;
121   procs[i].mapped_info[STACK_SEGMENT].npages = 1;
122   procs[i].mapped_info[STACK_SEGMENT].seg_type = STACK_SEGMENT;
123
124   // map trapframe in user space (direct mapping as in kernel space).
125   user_vm_map((pagetable_t)procs[i].pagetable, (uint64)procs[i].trapframe,
      PGSIZE,
126     (uint64)procs[i].trapframe, prot_to_type(PROT_WRITE | PROT_READ, 0));
127   procs[i].mapped_info[CONTEXT_SEGMENT].va = (uint64)procs[i].trapframe;
128   procs[i].mapped_info[CONTEXT_SEGMENT].npages = 1;
129   procs[i].mapped_info[CONTEXT_SEGMENT].seg_type = CONTEXT_SEGMENT;
130
131   // map S-mode trap vector section in user space (direct mapping as in
         //kernel space)
132   // we assume that the size of usertrap.S is smaller than a page.
133   user_vm_map((pagetable_t)procs[i].pagetable, (uint64)trap_sec_start,
       PGSIZE,
134     (uint64)trap_sec_start, prot_to_type(PROT_READ | PROT_EXEC, 0));
135   procs[i].mapped_info[SYSTEM_SEGMENT].va = (uint64)trap_sec_start;
136   procs[i].mapped_info[SYSTEM_SEGMENT].npages = 1;
137   procs[i].mapped_info[SYSTEM_SEGMENT].seg_type = SYSTEM_SEGMENT;
138
```

```
139   sprint("in alloc_proc. user frame 0x%lx, user stack 0x%lx, user kstack
        0x%lx \n",
140     procs[i].trapframe, procs[i].trapframe->regs.sp, procs[i].kstack);
141
142   // initialize the process's heap manager
143   procs[i].user_heap.heap_top = USER_FREE_ADDRESS_START;
144   procs[i].user_heap.heap_bottom = USER_FREE_ADDRESS_START;
145   procs[i].user_heap.free_pages_count = 0;
146
147   // map user heap in userspace
148   procs[i].mapped_info[HEAP_SEGMENT].va = USER_FREE_ADDRESS_START;
149   procs[i].mapped_info[HEAP_SEGMENT].npages = 0;  // no pages are mapped
        to heap yet.
150   procs[i].mapped_info[HEAP_SEGMENT].seg_type = HEAP_SEGMENT;
151
152   procs[i].total_mapped_region = 4;
153
154   // return after initialization.
155   return &procs[i];
156 }
```

通过以上代码，可以发现 alloc_process()函数除了找到一个空的进程结构外，还为新创建的进程建立了 KERN_BASE 以上的虚拟地址映射（这段代码在实验 3 之前位于 kernel/kernel.c 文件的 load_user_program()函数中），并将映射信息保存到了进程结构中。在本实验中还额外添加了 HEAP_SEGMENT 段的映射（第 148～150 行）。同时可以看出，对于未调用 sys_user_allocate_page()分配堆区页面的进程，其堆段的大小为 0（第 149 行），不会被分配页面。

对于给定应用，PKE 将通过调用在 kernel/elf.c 文件中定义的 load_bincode_from_host_elf()函数载入给定应用对应的 ELF 文件的各个段，在这些段被装载时，将对它们进行判断并记录它们的虚拟地址映射（见 kernel/elf.c 文件中定义的 elf_load()函数）：

```
65 elf_status elf_load(elf_ctx *ctx) {
66   // elf_prog_header structure is defined in kernel/elf.h
67   elf_prog_header ph_addr;
68   int i, off;
69
70   // traverse the elf program segment headers
71   for (i = 0, off = ctx->ehdr.phoff; i < ctx->ehdr.phnum; i++, off +=
       sizeof(ph_addr)) {
72     // read segment headers
73     if (elf_fpread(ctx, (void *)&ph_addr, sizeof(ph_addr), off) !=
         sizeof(ph_addr)) return EL    _EIO;
74
75     if (ph_addr.type != ELF_PROG_LOAD) continue;
76     if (ph_addr.memsz < ph_addr.filesz) return EL_ERR;
77     if (ph_addr.vaddr + ph_addr.memsz < ph_addr.vaddr) return EL_ERR;
78
79     // allocate memory block before elf loading
80     void *dest = elf_alloc_mb(ctx, ph_addr.vaddr, ph_addr.vaddr,
       ph_addr.memsz);
81
82     // actual loading
83     if (elf_fpread(ctx, dest, ph_addr.memsz, ph_addr.off) != ph_addr.memsz)
```

```
84        return EL_EIO;
85
86      // record the vm region in proc->mapped_info. added @lab3_1
87      int j;
88      for( j=0; j<PGSIZE/sizeof(mapped_region); j++ )
        //seek the last mapped region
89        if( (process*)(((elf_info*)(ctx->info))->p)->mapped_info[j].va ==
          0x0 ) break;
90
91      ((process*)(((elf_info*)(ctx->info))->p))->mapped_info[j].va =
        ph_addr.vaddr;
92      ((process*)(((elf_info*)(ctx->info))->p))->mapped_info[j].npages = 1;
93
94      // SEGMENT_READABLE, SEGMENT_EXECUTABLE, SEGMENT_WRITABLE are defined
          //in kernel/elf.h
95      if( ph_addr.flags == (SEGMENT_READABLE|SEGMENT_EXECUTABLE) ){
96        ((process*)(((elf_info*)(ctx->info))->p))->mapped_info[j].seg_type
          = CODE_SEGMENT;
97        sprint( "CODE_SEGMENT added at mapped info offset:%d\n", j );
98      }else if ( ph_addr.flags == (SEGMENT_READABLE|SEGMENT_WRITABLE) ){
99        ((process*)(((elf_info*)(ctx->info))->p))->mapped_info[j].seg_type
          = DATA_SEGMENT;
100       sprint( "DATA_SEGMENT added at mapped info offset:%d\n", j );
101     }else
102       panic( "unknown program segment encountered, segment flag:%d.\n",
          ph_addr.flags );
103
104     ((process*)(((elf_info*)(ctx->info))->p))->total_mapped_region ++;
105   }
106
107   return EL_OK;
108 }
```

在以上代码段中，第 95～105 行将对被载入的段的类型（ph_addr.flags）进行判断以确定它是代码段还是数据段。完成以上的虚拟地址空间到物理地址空间的映射后，将形成用户进程的虚拟地址空间结构（见图 4-3）。

接下来，将通过在 kernel/process.c 文件中定义的 switch_to()函数将所构造的进程投入执行：

```
38 void switch_to(process* proc) {
39   assert(proc);
40   current = proc;
41
42   // write the smode_trap_vector (64-bit func. address) defined in
       // kernel/strap_vector.S
43   // to the stvec privilege register, such that trap handler pointed by
       // smode_trap_vector
44   // will be triggered when an interrupt occurs in S mode.
45   write_csr(stvec, (uint64)smode_trap_vector);
46
47   // set up trapframe values (in process structure) that smode_trap_vector
       // will need when
48   // the process next re-enters the kernel.
49   proc->trapframe->kernel_sp = proc->kstack; // process's kernel stack
50   proc->trapframe->kernel_satp = read_csr(satp);  // kernel page table
51   proc->trapframe->kernel_trap = (uint64)smode_trap_handler;
```

```
52
53   // SSTATUS_SPP and SSTATUS_SPIE are defined in kernel/riscv.h
54   // set S Previous Privilege mode (the SSTATUS_SPP bit in sstatus register)
       // to User mode.
55   unsigned long x = read_csr(sstatus);
56   x &= ~SSTATUS_SPP;  // clear SPP to 0 for user mode
57   x |= SSTATUS_SPIE;  // enable interrupts in user mode
58
59   // write x back to 'sstatus' register to enable interrupts, and sret
       // destination mode.
60   write_csr(sstatus, x);
61
62   // set S Exception Program Counter (sepc register) to the elf entry pc.
63   write_csr(sepc, proc->trapframe->epc);
64
65   // make user page table. macro MAKE_SATP is defined in kernel/riscv.h.
       // added @lab2_1
66   uint64 user_satp = MAKE_SATP(proc->pagetable);
67
68   // return_to_user() is defined in kernel/strap_vector.S. switch to user
       // mode with sret.
69   // note, return_to_user takes two parameters @ and after lab2_1.
70   return_to_user(proc->trapframe, user_satp);
71 }
```

实际上，switch_to()函数在实验 1 就有所涉及，它的作用是将进程结构中的 trapframe 作为进程上下文恢复到RISC-V机器的通用寄存器中，并调用sret指令（通过return_to_user()函数）将进程投入执行。

不同于实验 1 和实验 2，实验 3 的 exit()系统调用不能直接将系统 shutdown（关闭），因为一个进程的结束并不一定意味着系统中所有进程的完成。以下是实验 3 的 exit()系统调用的实现：

```
34 ssize_t sys_user_exit(uint64 code) {
35   sprint("User exit with code:%d.\n", code);
36   // reclaim the current process, and reschedule. added @lab3_1
37   free_process( current );
38   schedule();
39   return 0;
40 }
```

可以看到，如果某进程调用了exit()系统调用，操作系统的处理方法是调用free_process()函数，将当前进程（也就是调用者）“释放”，然后进行进程调度。其中 free_process()函数（见 kernel/process.c 文件）的实现非常简单：

```
161 int free_process( process* proc ) {
162   // we set the status to ZOMBIE, but cannot destruct its vm space
immediately.
163   // since proc can be current process, and its user kernel stack is
        // currently in use!
164   // but for proxy kernel, it (memory leaking) may NOT be a really serious
        // issue,
165   // as it is different from regular OS, which needs to run 7×24.
166   proc->status = ZOMBIE;
167
168   return 0;
169 }
```

可以看到，**free_process()函数仅是将进程设置为 ZOMBIE 状态，而不会将进程所占用的资源全部释放!**这是因为 free_process()函数的调用说明操作系统当前在 S 模式下运行，而按照 PKE 的设计思想，S 态的运行将使用当前进程的用户系统栈（User Kernel Stack）。此时，如果将当前进程的内存空间进行释放，将导致操作系统本身的崩溃。所以释放进程时，PKE 采用的是折中的办法，即只将进程设置为 ZOMBIE 状态，而不是立即将它所占用的资源进行释放。schedule()函数的调用，将选择把系统中可能存在的其他处于就绪状态的进程投入运行，它的处理逻辑我们将在 5.1.3 小节讨论。

5.1.3 就绪进程的管理与调度

PKE 的操作系统设计了一个非常简单的就绪队列管理（因为实验 3 的基础实验并未涉及进程的阻塞，所以未设计阻塞队列），队列头在 kernel/sched.c 文件中定义：

```
8 process* ready_queue_head = NULL;
```

将一个进程加入就绪队列，可以调用 insert_to_ready_queue()函数：

```
13 void insert_to_ready_queue( process* proc ) {
14   sprint( "going to insert process %d to ready queue.\n", proc->pid );
15   // if the queue is empty in the beginning
16   if( ready_queue_head == NULL ){
17     proc->status = READY;
18     proc->queue_next = NULL;
19     ready_queue_head = proc;
20     return;
21   }
22
23   // ready queue is not empty
24   process *p;
25   // browse the ready queue to see if proc is already in-queue
26   for( p=ready_queue_head; p->queue_next!=NULL; p=p->queue_next )
27     if( p == proc ) return;  //already in queue
28
29   // p points to the last element of the ready queue
30   if( p==proc ) return;
31   p->queue_next = proc;
32   proc->status = READY;
33   proc->queue_next = NULL;
34
35   return;
36 }
```

该函数首先处理 ready_queue_head 为空（初始状态）的情况（第 16～21 行），如果就绪队列不为空，则将进程加入队尾（第 26～33 行）。PKE 内核通过调用 schedule()函数来完成进程的选择和换入：

```
45 void schedule() {
46   if ( !ready_queue_head ){
47     // by default, if there are no ready process, and all processes are
         // in the status of
48     // FREE and ZOMBIE, we should shutdown the emulated RISC-V machine.
49     int should_shutdown = 1;
50
51     for( int i=0; i<NPROC; i++ )
52       if( (procs[i].status != FREE) && (procs[i].status != ZOMBIE) ){
```

```
53          should_shutdown = 0;
54          sprint( "ready queue empty, but process %d is not in free/zombie
              state:%d\n",
55            i, procs[i].status );
56        }
57
58      if( should_shutdown ){
59        sprint( "no more ready processes, system shutdown now.\n" );
60        shutdown( 0 );
61      }else{
62        panic( "Not handled: we should let system wait for unfinished
            processes.\n" );
63      }
64    }
65
66    current = ready_queue_head;
67    assert( current->status == READY );
68    ready_queue_head = ready_queue_head->queue_next;
69
70    current->status == RUNNING;
71    sprint( "going to schedule process %d to run.\n", current->pid );
72    switch_to( current );
73 }
```

可以看到，schedule()函数首先判断就绪队列 ready_queue_head 是否为空，对于就绪队列为空的情况（第 46～64 行），schedule()函数将判断系统中所有的进程是否全部都处于 FREE 状态或者 ZOMBIE 状态。如果是，则启动关机程序（模拟 RISC-V），否则进入等待系统中进程结束的状态。由于实验 3 的基础实验并无可能进入这样的状态，所以我们在这里调用了 panic()，等后续实验有可能进入这种状态时再进一步进行处理。

对于就绪队列非空的情况（第 66～72 行），处理就简单得多：只需要将就绪队列队首的进程换入执行即可。对于换入的过程，需要注意的是，要将被选中的进程从就绪队列中删除。

5.2 实验 lab3_1 进程创建

1. 给定应用

- user/app_naive_fork.c：

```
1 /*
2  * The application of lab3_1.
3  * it simply forks a child process.
4  */
5
6 #include "user/user_lib.h"
7 #include "util/types.h"
8
9 int main(void) {
10   uint64 pid = fork();
11   if (pid == 0) {
12     printu("Child: Hello world!\n");
13   } else {
14     printu("Parent: Hello world! child id %ld\n", pid);
```

```
15   }
16
17   exit(0);
18 }
```

以上程序的行为非常简单：主进程调用 fork()函数，该函数产生一个系统调用，基于主进程这个模板创建它的子进程。

● （先提交 lab2_3 的答案，然后）切换到 lab3_1，继承 lab2_3 以及之前实验所做的修改，并 make 后的直接运行结果如下：

```
//切换到 lab3_1
$ git checkout lab3_1_fork

//继承 lab2_3 以及之前实验所做的修改
$ git merge lab2_3_pagefault -m "continue to work on lab3_1"

//重新构造
$ make clean; make

//运行
$ spike ./obj/riscv-pke ./obj/app_naive_fork
In m_start, hartid:0
HTIF is available!
(Emulated) memory size: 2048 MB
Enter supervisor mode...
PKE kernel start 0x0000000080000000, PKE kernel end: 0x0000000080010000, PKE
  kernel size: 0x0000000000010000 .
free physical memory address: [0x0000000080010000, 0x0000000087ffffff]
kernel memory manager is initializing ...
KERN_BASE 0x0000000080000000
physical address of _etext is: 0x0000000080005000
kernel page table is on
Switching to user mode...
in alloc_proc. user frame 0x0000000087fbc000, user stack 0x000000007ffff000,
  user kstack 0x0000000087fbb000
User application is loading.
Application: ./obj/app_naive_fork
CODE_SEGMENT added at mapped info offset:3
Application program entry point (virtual address): 0x0000000000010078
going to insert process 0 to ready queue.
going to schedule process 0 to run.
User call fork.
will fork a child from parent 0.
in alloc_proc. user frame 0x0000000087faf000, user stack 0x000000007ffff000,
  user kstack 0x0000000087fae000
You need to implement the code segment mapping of child in lab3_1.

System is shutting down with exit code -1.
```

从以上运行结果来看，应用程序的 fork()函数并未将子进程给创建出来并投入运行。按照提示，我们需要在 PKE 操作系统内核中实现子进程到父进程代码段的映射，以最终完成 fork 动作。

既然涉及父进程代码段，我们可以先用 readelf 命令查看一下给定应用程序的可执行代码对应的 ELF 文件结构：

```
$ riscv64-unknown-elf-readelf -l ./obj/app_naive_fork

Elf file type is EXEC (Executable file)
Entry point 0x10078
There is 1 program header, starting at offset 64

Program Headers:
  Type           Offset             VirtAddr           PhysAddr
                 FileSiz            MemSiz             Flags  Align
  LOAD           0x0000000000000000 0x0000000000010000 0x0000000000010000
                 0x000000000000040c 0x000000000000040c  R E    0x1000

 Section to Segment mapping:
  Segment Sections...
   00     .text .rodata
```

可以看到，app_naive_fork 可执行代码只包含一个代码段（编号为 00），应该是最简单的可执行文件结构了（无须考虑数据段的问题）。如果要依据这样的父进程模板创建子进程，只需要将父进程的代码段映射（而非复制）到子进程的对应虚拟地址即可。

2. 实验内容

完善操作系统内核 kernel/process.c 文件中的 do_fork()函数，并最终获得以下预期结果：

```
$ spike ./obj/riscv-pke ./obj/app_naive_fork
In m_start, hartid:0
HTIF is available!
(Emulated) memory size: 2048 MB
Enter supervisor mode...
PKE kernel start 0x0000000080000000, PKE kernel end: 0x0000000080010000, PKE
  kernel size: 0x0000000000010000 .
free physical memory address: [0x0000000080010000, 0x0000000087ffffff]
kernel memory manager is initializing ...
KERN_BASE 0x0000000080000000
physical address of _etext is: 0x0000000080005000
kernel page table is on
Switching to user mode...
in alloc_proc. user frame 0x0000000087fbc000, user stack 0x000000007ffff000,
  user kstack 0x0000000087fbb000
User application is loading.
Application: ./obj/app_naive_fork
CODE_SEGMENT added at mapped info offset:3
Application program entry point (virtual address): 0x0000000000010078
going to insert process 0 to ready queue.
going to schedule process 0 to run.
User call fork.
will fork a child from parent 0.
in alloc_proc. user frame 0x0000000087faf000, user stack 0x000000007ffff000,
  user kstack 0x0000000087fae000
do_fork map code segment at pa:0000000087fb2000 of parent to child at
  va:0000000000010000.
going to insert process 1 to ready queue.
Parent: Hello world! child id 1
User exit with code:0.
going to schedule process 1 to run.
Child: Hello world!
User exit with code:0.
no more ready processes, system shutdown now.
System is shutting down with exit code 0.
```

从以上运行结果来看，子进程已经被创建，且在其后被投入运行。

3. 实验指导

读者可以回顾 lab1_1 中所学习到的系统调用的知识，从应用程序（user/app_naive_fork.c）开始，跟踪 fork()函数的实现：

```
    user/app_naive_fork.c → user/user_lib.c → kernel/strap_vector.S →
kernel/strap.c→kernel/syscall.c
```

直至跟踪到 kernel/process.c 文件中的 do_fork()函数：

```
178 int do_fork( process* parent)
179 {
180   sprint( "will fork a child from parent %d.\n", parent->pid );
181   process* child = alloc_process();
182
183   for( int i=0; i<parent->total_mapped_region; i++ ){
184     // browse parent's vm space, and copy its trapframe and data segments,
185     // map its code segment.
186     switch( parent->mapped_info[i].seg_type ){
187       case CONTEXT_SEGMENT:
188         *child->trapframe = *parent->trapframe;
189         break;
190       case STACK_SEGMENT:
191         memcpy( (void*)lookup_pa(child->pagetable,
              child->mapped_info[STACK_SEGMENT].va),
192       (void*)lookup_pa(parent->pagetable,
            parent->mapped_info[i].va), PGSIZE );
193         break;
194       case HEAP_SEGMENT:
195         // build a same heap for child process.
196
197          // convert free_pages_address into a filter to skip reclaimed
blocks in the heap
198         // when mapping the heap blocks
199         int free_block_filter[MAX_HEAP_PAGES];
200         memset(free_block_filter, 0, MAX_HEAP_PAGES);
201         uint64 heap_bottom = parent->user_heap.heap_bottom;
202         for (int i = 0; i < parent->user_heap.free_pages_count; i++) {
203           int index = (parent->user_heap.free_pages_address[i] -
                heap_bottom) / PGSIZE;
204           free_block_filter[index] = 1;
205         }
206
207         // copy and map the heap blocks
208         for (uint64 heap_block = current->user_heap.heap_bottom;
209              heap_block < current->user_heap.heap_top; heap_block +=
                PGSIZE) {
210           if (free_block_filter[(heap_block - heap_bottom) / PGSIZE])  //
                skip free blocks
211             continue;
212
213           void* child_pa = alloc_page();
214           memcpy(child_pa, (void*)lookup_pa(parent->pagetable,
               heap_block), PGSIZE);
215           user_vm_map((pagetable_t)child->pagetable, heap_block, PGSIZE,
               (uint64)child_pa,
216                      prot_to_type(PROT_WRITE | PROT_READ, 1));
```

```
217         }
218
219         child->mapped_info[HEAP_SEGMENT].npages =
             parent->mapped_info[HEAP_SEGMENT].npages;
220
221         // copy the heap manager from parent to child
222         memcpy((void*)&child->user_heap, (void*)&parent->user_heap,
             sizeof(parent->user_heap));
223         break;
224       case CODE_SEGMENT:
225         // TODO (lab3_1): implment the mapping of child code segment to
              // parent's
226         // code segment.
227         // hint: the virtual address mapping of code segment is tracked
             // in mapped_info
228         // page of parent's process structure. use the information in
             // mapped_info to
229         // retrieve the virtual to physical mapping of code segment.
230         // after having the mapping information, just map the corresponding
             // virtual
231         // address region of child to the physical pages that actually store
             // the code
232         // segment of parent process.
233         // DO NOT COPY THE PHYSICAL PAGES, JUST MAP THEM.
234         panic( "You need to implement the code segment mapping of child
             in lab3_1.\n" );
235
236         // after mapping, register the vm region (do not delete codes
             // below!)
237         child->mapped_info[child->total_mapped_region].va =
             parent->mapped_info[i].va;
238         child->mapped_info[child->total_mapped_region].npages =
239          parent->mapped_info[i].npages;
240         child->mapped_info[child->total_mapped_region].seg_type =
             CODE_SEGMENT;
241         child->total_mapped_region++;
242         break;
243     }
244   }
245
246   child->status = READY;
247   child->trapframe->regs.a0 = 0;
248   child->parent = parent;
249   insert_to_ready_queue( child );
250
251   return child->pid;
252 }
```

该函数使用第 183～244 行的循环来复制父进程的虚拟地址空间到其子进程。我们看到，对于 trapframe 段（case CONTEXT_SEGMENT）以及栈段（case STACK_SEGMENT），do_fork()函数采用了简单办法来将父进程的这两个段复制到子进程中，这样做的目的是将父进程的执行现场传递给子进程。对于堆段（case HEAP_SEGMENT），堆中存在两种状态的虚拟页面：未被释放的页面（位于当前进程的 user_heap.heap_bottom 与 user_heap.heap_top 之间，但不在 user_heap.free_pages_address 数组中）和已被释放的页面（位于当前进程的 user_heap.free_pages_address 数组中），其中已被释放的页面不需要进行额外处理。而对于父进程中每一个未被释放的虚拟页面，需要首先分配一页空闲物理页，再将父进程中该页数据进行复制（第213～214行），然后将新分配的物理页映射到子进程的相同虚页（第215行）。处理完堆中的所有页面后，还需要复制父进程的 mapped_info[HEAP_SEGMENT]和user_heap 信息到其子进程（第219～222行）。

然而，对于父进程的代码段，子进程应该如何“继承”呢？通过第 225～233 行的注释，我们知道对于代码段，我们不应直接复制（减少系统开销），而应通过映射的办法，将子进程中对应的虚拟地址空间映射到其父进程中装载代码段的物理页面。这时就要回到实验 2，寻找合适的函数来实现了。注意进行对页面的权限设置（可读、可执行）。

- 实验完毕，记得提交修改（命令行中-m 后的字符串可自行确定），以便在后续实验中继承 lab3_1 中所做的工作：

```
$ git commit -a -m "my work on lab3_1 is done."
```

4. 答案解析

将 kernel/process.c 文件中的

```
panic( "You need to implement the code segment mapping of child in lab3_1.\n" );
```

替换成：

```
for( int j=0; j<parent->mapped_info[i].npages; j++ ){
      uint64 addr = lookup_pa(parent->pagetable, parent->mapped_info[i].va+j
*PGSIZE);

      map_pages(child->pagetable, parent->mapped_info[i].va+j*PGSIZE, PGSIZE,
            addr, prot_to_type(PROT_WRITE | PROT_READ | PROT_EXEC, 1));

      sprint( "do_fork map code segment at pa:%lx of parent to child at
va:%lx.\n",
            addr, parent->mapped_info[i].va+j*PGSIZE );
}
```

替换原因如下。

采用循环以及 map_pages()函数，完成子进程代码段到父进程代码段的映射。

注意：不应采用数据复制（如 memcpy）的方式完成映射，因为这样做会导致空间和时间的无谓消耗（子进程拥有和父进程一样的代码段）。

5.3 实验 lab3_2 进程 yield

1. 给定应用

- user/app_yield.c：

```
1 /*
2  * The application of lab3_2.
3  * parent and child processes intermittently give up their processors.
4  */
5
6 #include "user/user_lib.h"
7 #include "util/types.h"
8
9 int main(void) {
10   uint64 pid = fork();
11   uint64 rounds = 0xffff;
```

```
12   if (pid == 0) {
13     printu("Child: Hello world! \n");
14     for (uint64 i = 0; i < rounds; ++i) {
15       if (i % 10000 == 0) {
16         printu("Child running %ld \n", i);
17         yield();
18       }
19     }
20   } else {
21     printu("Parent: Hello world! \n");
22     for (uint64 i = 0; i < rounds; ++i) {
23       if (i % 10000 == 0) {
24         printu("Parent running %ld \n", i);
25         yield();
26       }
27     }
28   }
29
30   exit(0);
31   return 0;
32 }
```

和 lab3_1 一样，以上的应用程序通过 fork()函数调用创建了一个子进程，接下来，父进程和子进程都进入了一个很长的循环。在循环中，无论是父进程还是子进程，在循环的次数是 10000 的整数倍时，除了输出信息外都调用了 yield()函数来释放 CPU 的执行权。

● （先提交 lab3_1 的答案，然后）切换到 lab3_2，继承 lab3_1 以及之前实验所做的修改，并 make 后的直接运行结果如下：

```
//切换到 lab3_2
$ git checkout lab3_2_yield

//继承 lab3_1 以及之前实验所做的修改
$ git merge lab3_1_fork -m "continue to work on lab3_2"

//重新构造
$ make clean; make

//运行
$ spike ./obj/riscv-pke ./obj/app_yield
In m_start, hartid:0
HTIF is available!
(Emulated) memory size: 2048 MB
Enter supervisor mode...
PKE kernel start 0x0000000080000000, PKE kernel end: 0x0000000080010000, PKE kernel size: 0x0000000000010000 .
free physical memory address: [0x0000000080010000, 0x0000000087ffffff]
kernel memory manager is initializing ...
KERN_BASE 0x0000000080000000
physical address of _etext is: 0x0000000080005000
kernel page table is on
Switching to user mode...
in alloc_proc. user frame 0x0000000087fbc000, user stack 0x000000007ffff000, user kstack 0x0000000087fbb000
```

```
User application is loading.
Application: ./obj/app_yield
CODE_SEGMENT added at mapped info offset:3
Application program entry point (virtual address): 0x000000000001017c
going to insert process 0 to ready queue.
going to schedule process 0 to run.
User call fork.
will fork a child from parent 0.
in alloc_proc. user frame 0x0000000087faf000, user stack 0x000000007ffff000,
user kstack 0x0000000087fae000
do_fork map code segment at pa:0000000087fb2000 of parent to child at
va:0000000000010000.
going to insert process 1 to ready queue.
Parent: Hello world!
Parent running 0
You need to implement the yield syscall in lab3_2.

System is shutting down with exit code -1.
```

从以上运行结果来看，因为 PKE 操作系统中的 yield()功能未完善，所以应用无法正常执行下去。

2. 实验内容

完善 yield()系统调用，实现进程执行过程中的主动释放 CPU 的动作。实验完成，获得以下预期结果：

```
$ spike ./obj/riscv-pke ./obj/app_yield
In m_start, hartid:0
HTIF is available!
(Emulated) memory size: 2048 MB
Enter supervisor mode...
PKE kernel start 0x0000000080000000, PKE kernel end: 0x0000000080010000, PKE
kernel size: 0x0000000000010000 .
free physical memory address: [0x0000000080010000, 0x0000000087ffffff]
kernel memory manager is initializing ...
KERN_BASE 0x0000000080000000
physical address of _etext is: 0x0000000080005000
kernel page table is on
Switching to user mode...
in alloc_proc. user frame 0x0000000087fbc000, user stack 0x000000007ffff000,
user kstack 0x0000000087fbb000
User application is loading.
Application: ./obj/app_yield
CODE_SEGMENT added at mapped info offset:3
Application program entry point (virtual address): 0x000000000001017c
going to insert process 0 to ready queue.
going to schedule process 0 to run.
User call fork.
will fork a child from parent 0.
in alloc_proc. user frame 0x0000000087faf000, user stack 0x000000007ffff000,
user kstack 0x0000000087fae000
do_fork map code segment at pa:0000000087fb2000 of parent to child at
va:0000000000010000.
going to insert process 1 to ready queue.
Parent: Hello world!
Parent running 0
```

```
going to insert process 0 to ready queue.
going to schedule process 1 to run.
Child: Hello world!
Child running 0
going to insert process 1 to ready queue.
going to schedule process 0 to run.
Parent running 10000
going to insert process 0 to ready queue.
going to schedule process 1 to run.
Child running 10000
going to insert process 1 to ready queue.
going to schedule process 0 to run.
Parent running 20000
going to insert process 0 to ready queue.
going to schedule process 1 to run.
Child running 20000
going to insert process 1 to ready queue.
going to schedule process 0 to run.
Parent running 30000
going to insert process 0 to ready queue.
going to schedule process 1 to run.
Child running 30000
going to insert process 1 to ready queue.
going to schedule process 0 to run.
Parent running 40000
going to insert process 0 to ready queue.
going to schedule process 1 to run.
Child running 40000
going to insert process 1 to ready queue.
going to schedule process 0 to run.
Parent running 50000
going to insert process 0 to ready queue.
going to schedule process 1 to run.
Child running 50000
going to insert process 1 to ready queue.
going to schedule process 0 to run.
Parent running 60000
going to insert process 0 to ready queue.
going to schedule process 1 to run.
Child running 60000
going to insert process 1 to ready queue.
going to schedule process 0 to run.
User exit with code:0.
going to schedule process 1 to run.
User exit with code:0.
no more ready processes, system shutdown now.
System is shutting down with exit code 0.
```

3. 实验指导

进程释放 CPU 的动作应该是：

（1）将当前进程置为就绪状态；

（2）将当前进程加入就绪队列的队尾；

（3）进行进程调度。

● 实验完毕，记得提交修改（命令行中-m 后的字符串可自行确定），以便在后续实验中继承 lab3_2 中所做的工作：

```
$ git commit -a -m "my work on lab3_2 is done."
```

4. 答案解析

将 kernel/syscall.c 文件中的

```
panic( "You need to implement the yield syscall in lab3_2.\n" );
```

替换成：

```
  current->status = READY;
  insert_to_ready_queue( current );
  schedule();
```

替换原因如下。

实现进程 yield()的功能，方法是将当前进程的状态设置为 READY，将当前进程加入就绪队列，最后进行进程调度。

5.4 实验 lab3_3 循环轮转调度

1. 给定应用

● user/app_two_long_loops.c：

```
1 /*
2  * The application of lab3_3.
3  * parent and child processes never give up their processor during execution.
4  */
5
6 #include "user/user_lib.h"
7 #include "util/types.h"
8
9 int main(void) {
10   uint64 pid = fork();
11   uint64 rounds = 100000000;
12   uint64 interval = 10000000;
13   uint64 a = 0;
14   if (pid == 0) {
15     printu("Child: Hello world! \n");
16     for (uint64 i = 0; i < rounds; ++i) {
17       if (i % interval == 0) printu("Child running %ld \n", i);
18     }
19   } else {
20     printu("Parent: Hello world! \n");
21     for (uint64 i = 0; i < rounds; ++i) {
22       if (i % interval == 0) printu("Parent running %ld \n", i);
23     }
24   }
25
26   exit(0);
27   return 0;
28 }
```

和 lab3_2 给出的应用类似，lab3_3 给出的应用仍然包含父子两个进程，它们的执行体都是两个“大循环”。但与 lab3_2 不同的是，这两个进程在执行各自循环体时，都没有主动释放 CPU 的动作。显然，这样的设计会导致某个进程长期占据 CPU，而另一个进程无法执行。

● （先提交 lab3_2 的答案，然后）切换到 lab3_3，继承 lab3_2 以及之前实验所做的修改，并 make 后的直接运行结果如下：

```
//切换到 lab3_3
$ git checkout lab3_3_rrsched

//继承 lab3_2 以及之前实验所做的修改
$ git merge lab3_2_yield -m "continue to work on lab3_3"

//重新构造
$ make clean; make

//运行
$ spike ./obj/riscv-pke ./obj/app_two_long_loops
In m_start, hartid:0
HTIF is available!
(Emulated) memory size: 2048 MB
Enter supervisor mode...
PKE kernel start 0x0000000080000000, PKE kernel end: 0x0000000080010000, PKE
kernel size: 0x0000000000010000 .
free physical memory address: [0x0000000080010000, 0x0000000087ffffff]
kernel memory manager is initializing ...
KERN_BASE 0x0000000080000000
physical address of _etext is: 0x0000000080005000
kernel page table is on
Switching to user mode...
in alloc_proc. user frame 0x0000000087fbc000, user stack 0x000000007ffff000,
user kstack 0x0000000087fbb000
User application is loading.
Application: ./obj/app_two_long_loops
CODE_SEGMENT added at mapped info offset:3
Application program entry point (virtual address): 0x000000000001017c
going to insert process 0 to ready queue.
going to schedule process 0 to run.
User call fork.
will fork a child from parent 0.
in alloc_proc. user frame 0x0000000087faf000, user stack 0x000000007ffff000,
user kstack 0x0000000087fae000
do_fork map code segment at pa:0000000087fb2000 of parent to child at
va:0000000000010000.
going to insert process 1 to ready queue.
Parent: Hello world!
Parent running 0
Parent running 10000000
Ticks 0
You need to further implement the timer handling in lab3_3.

System is shutting down with exit code -1.
```

回顾实验 1 的 lab1_3，我们可以看到由于进程的执行体很长，执行过程中时钟中断被触发（运行结果中的“Ticks 0”）。显然，我们可以通过时钟中断来实现进程的循环轮转调度，避免由于某个进程的执行体过长，导致系统中其他进程无法被调度的问题！

2. 实验内容

实现 kernel/strap.c 文件中的 rrsched()函数，获得以下预期结果：

```
$ spike ./obj/riscv-pke ./obj/app_two_long_loops
In m_start, hartid:0
HTIF is available!
(Emulated) memory size: 2048 MB
Enter supervisor mode...
PKE kernel start 0x0000000080000000, PKE kernel end: 0x0000000080010000, PKE kernel size: 0x0000000000010000 .
free physical memory address: [0x0000000080010000, 0x0000000087ffffff]
kernel memory manager is initializing ...
KERN_BASE 0x0000000080000000
physical address of _etext is: 0x0000000080005000
kernel page table is on
Switching to user mode...
in alloc_proc. user frame 0x0000000087fbc000, user stack 0x000000007ffff000, user kstack 0x0000000087fbb000
User application is loading.
Application: ./obj/app_two_long_loops
CODE_SEGMENT added at mapped info offset:3
Application program entry point (virtual address): 0x000000000001017c
going to insert process 0 to ready queue.
going to schedule process 0 to run.
User call fork.
will fork a child from parent 0.
in alloc_proc. user frame 0x0000000087faf000, user stack 0x000000007ffff000, user kstack 0x0000000087fae000
do_fork map code segment at pa:0000000087fb2000 of parent to child at va:0000000000010000.
going to insert process 1 to ready queue.
Parent: Hello world!
Parent running 0
Parent running 10000000
Ticks 0
Parent running 20000000
Ticks 1
going to insert process 0 to ready queue.
going to schedule process 1 to run.
Child: Hello world!
Child running 0
Child running 10000000
Ticks 2
Child running 20000000
Ticks 3
going to insert process 1 to ready queue.
going to schedule process 0 to run.
Parent running 30000000
Ticks 4
Parent running 40000000
Ticks 5
going to insert process 0 to ready queue.
going to schedule process 1 to run.
Child running 30000000
Ticks 6
```

```
Child running 40000000
Ticks 7
going to insert process 1 to ready queue.
going to schedule process 0 to run.
Parent running 50000000
Parent running 60000000
Ticks 8
Parent running 70000000
Ticks 9
going to insert process 0 to ready queue.
going to schedule process 1 to run.
Child running 50000000
Child running 60000000
Ticks 10
Child running 70000000
Ticks 11
going to insert process 1 to ready queue.
going to schedule process 0 to run.
Parent running 80000000
Ticks 12
Parent running 90000000
Ticks 13
going to insert process 0 to ready queue.
going to schedule process 1 to run.
Child running 80000000
Ticks 14
Child running 90000000
Ticks 15
going to insert process 1 to ready queue.
going to schedule process 0 to run.
User exit with code:0.
going to schedule process 1 to run.
User exit with code:0.
no more ready processes, system shutdown now.
System is shutting down with exit code 0.
```

3. 实验指导

实际上，如果只是想要实现进程的轮转，避免单个进程长期占据 CPU 的情况，只需要简单地在时钟中断被触发时重新调度即可。然而，为了实现时间片的概念，以及控制进程在单时间片内获得的执行长度，我们在 kernel/sched.h 文件中定义了“时间片”的长度：

```
6 //length of a time slice, in number of ticks
7 #define TIME_SLICE_LEN  2
```

可以看到时间片的长度（TIME_SLICE_LEN）为两个 ticks，这就意味着每隔两个 ticks 会触发一次进程重新调度动作。

为配合调度的实现，我们在进程结构中定义了整型成员（参见 5.1.1 小节）tick_count，完善 kernel/strap.c 文件中的 rrsched()函数，在实现循环轮转调度时，应采取的逻辑为：

（1）判断当前进程的 tick_count 加 1 后是否大于等于 TIME_SLICE_LEN；

（2）若大于等于 TIME_SLICE_LEN，则应将当前进程的 tick_count 清零，并将当前进程加入就绪队列，进行进程调度；

（3）若不大于等于 TIME_SLICE_LEN，则应将当前进程的 tick_count 加 1，并返回。

● 实验完毕，记得提交修改（命令行中-m 后的字符串可自行确定），以便在后续实验中继承 lab3_3 中所做的工作：

```
$ git commit -a -m "my work on lab3_3 is done."
```

4. 答案解析

将 kernel/strap.c 文件中的

```
panic( "You need to further implement the timer handling in lab3_3.\n" );
```

替换成：

```
  if( current->tick_count + 1 >= TIME_SLICE_LEN ){
    current->tick_count = 0;
    current->status = READY;
    insert_to_ready_queue( current );
    schedule();
  }else{
    current->tick_count ++;
  }
```

替换原因如下。

实现简单的循环轮转调度。

5.5 挑战实验

挑战实验包括进程等待和数据段复制、信号量的实现，以及写时复制等内容（通过扫描二维码可获得挑战实验的指导文档）。

实验文档

注意：不同于基础实验，挑战实验的基础代码具有更大的不完整性，读者需要花费更多的精力理解 PKE 的源代码，通过互联网查阅相关的技术知识才能完成。另外，挑战实验的内容还可能随着时间的推移而有所更新。

第 6 章
实验 4——文件系统

微课视频

6.1 实验 4 的基础知识

本章我们将首先以 Linux 的文件系统为例介绍文件系统的基础知识，接着讲述 riscv-pke 操作系统内核的文件系统设计，然后对 PKE 实验 4 的基础实验进行讲解，以帮助读者加深对文件系统底层逻辑的理解。

6.1.1 文件系统概述

文件系统是操作系统用于存储、组织和访问计算机数据的方法，它使得用户可以通过一套便利的文件访问接口来访问存储设备（常见的是磁盘，也包括基于 NAND Flash 的固态盘）或分区上的文件。操作系统中负责管理和存储文件信息的软件模块称为文件管理系统，简称文件系统。文件系统所管理的最基本的单位，是有具体且完整逻辑意义的“文件”。文件系统实现了对文件的按名（即文件名）存取。为避免“重名”问题，文件系统常采用树形目录，来辅助（通过加路径的方式）实现文件的按名存取。存储在磁盘上，实现树形目录的数据结构（如目录文件等）往往被称为“元数据”（Meta Data）。实际上在文件系统中，辅助实现对文件进行检索和存储操作的数据，都被称为元数据。从这个角度来看，文件系统中对磁盘进行管理的数据，以及可能的缓存数据，都是重要的元数据。

不同类型的文件系统往往采用不同类型的元数据来实现既定功能。对不同类型元数据的采用，往往也区分了不同类型的文件系统，例如，Linux 中采用 ext 系列文件系统，Windows 中广泛采用 FAT（File Allocation Table，文件分配表）系列文件系统、NTFS（New Technology File System，新技术文件系统）等。虽然具备的功能一样，但文件系统在具体实现上存在巨大差异。由于 PKE 实验采用了 Spike 模拟器，它具有和主机进行交互的 HTIF，所以在 PKE 实验 4 中，我们自然将接触到一类很特殊的文件系统 hostfs（Host File System，主机文件系统）。它实际上是位于主机上的文件系统，PKE 通过定义一组接口使得在 Spike 所构造的虚拟 RISC-V 机器上运行的应用，能够对主机上的文件进行访问。另外，我们将分配一段内存作为我们的“磁盘”（即 RAM Disk），并在该磁盘上创建一个简单的、名为 RFS（RAM disk File System，RAM 文件系统）的文件系统。

由于有多个文件系统的存在，且 PKE 需要同时对这两个文件系统进行支持，所以在 PKE 实验 4 中，我们引入了虚拟文件系统（Virtual File System，也被称为 Virtual Filesystem Switch，简称 VFS）的概念。VFS 是构建现代操作系统中的文件系统的重要概念，通过实验 4，读者将对这一重要概念进行学习。在后面的讨论中，我们将依次介绍 PKE 文件系统架构、PKE 文件系统提供给进程的接口、VFS 的构造，以及我们自己定义的 RFS。介绍这些内容的目的是辅助读者加深对 PKE 文件系统代码的理解，为完成后续的基础实验和挑战实验做好准备。

6.1.2 PKE 文件系统架构

PKE 文件系统架构如图 6-1 所示，图中的 RAM Disk 在 PKE 文件系统中等价于磁盘设备，在其上“安装”的文件系统就是 RFS。特别要注意的一点是，在后文讨论 RFS 时，会存在类似“某种数据结构被保存在磁盘中”的表述，这通常意味着数据结构实际上被保存在 RAM Disk 中。除了 RFS 外，PKE 文件系统通过 VFS 对 hostfs 进行了支持，在 riscv-pke 操作系统内核上运行的应用程序能够对 hostfs 和 RFS 这两个文件系统中的文件进行访问。

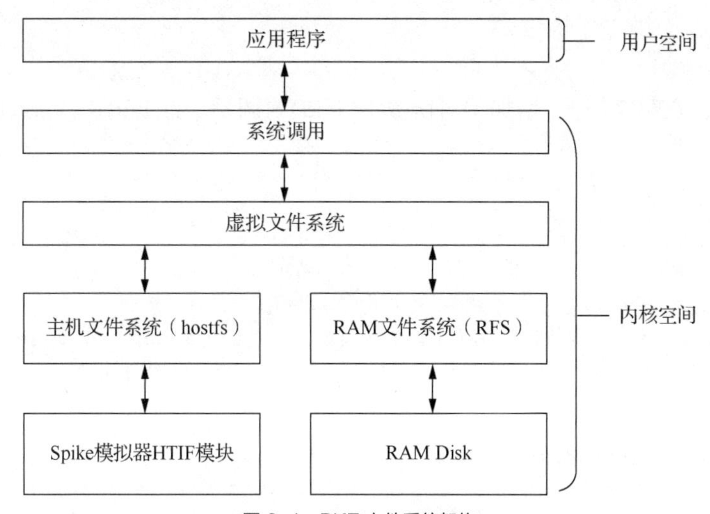

图 6-1　PKE 文件系统架构

在 PKE 文件系统启动时，会在初始化阶段将这两个文件系统进行挂载，见 kernel/kernel.c 文件中对 S 模式的启动代码的修改（注：本章源代码如无特殊说明，均来自 lab4_1_file 分支）：

```
   53 int s_start(void) {
   54   sprint("Enter supervisor mode...\n");
   55   // in the beginning, we use Bare mode (direct) memory mapping as in lab1.
   56   // but now, we are going to switch to the paging mode @lab2_1.
   57   // note, the code still works in Bare mode when calling pmm_init() and
kern_vm_init().
   58   write_csr(satp, 0);
   59
   60   // init physical memory manager
   61   pmm_init();
```

```
62
63   // build the kernel page table
64   kern_vm_init();
65
66   // now, switch to paging mode by turning on paging (Sv39)
67   enable_paging();
68   // the code now formally works in paging mode, meaning the page table
is now in use.
69   sprint("kernel page table is on \n");
70
71   // added @lab3_1
72   init_proc_pool();
73
74   // init file system, added @lab4_1
75   fs_init();
76
77   sprint("Switch to user mode...\n");
78   // the application code (elf) is first loaded into memory, and then put
into execution
79   // added @lab3_1
80   insert_to_ready_queue( load_user_program() );
81   schedule();
82
83   // we should never reach here.
84   return 0;
85 }
```

我们看到，在第 75 行，增加了对函数 fs_init()的调用。fs_init()在 kernel/proc_file.c 文件中定义：

```
21 void fs_init(void) {
22   // initialize the vfs
23   vfs_init();
24
25   // register hostfs and mount it as the root
26   if( register_hostfs() < 0 ) panic( "fs_init: cannot register hostfs.\n" );
27   struct device *hostdev = init_host_device("HOSTDEV");
28   vfs_mount("HOSTDEV", MOUNT_AS_ROOT);
29
30   // register and mount rfs
31   if( register_rfs() < 0 ) panic( "fs_init: cannot register rfs.\n" );
32   struct device *ramdisk0 = init_rfs_device("RAMDISK0");
33   rfs_format_dev(ramdisk0);
34   vfs_mount("RAMDISK0", MOUNT_DEFAULT);
35 }
```

我们看到，初始化过程首先对 VFS 层的基础数据结构进行了初始化（第 23 行），然后对 hostfs 进行了初始化（第 26～28 行），最后对 RFS 进行了初始化（第 31～34 行）。对 RFS 的初始化，甚至包含对 RAM Disk 的格式化（第 33 行）。在初始化过程中，通过 vfs_mount() 函数把这两个不同类型的文件系统挂载到 PKE 的 VFS 的不同目录下，如图 6-2 所示。

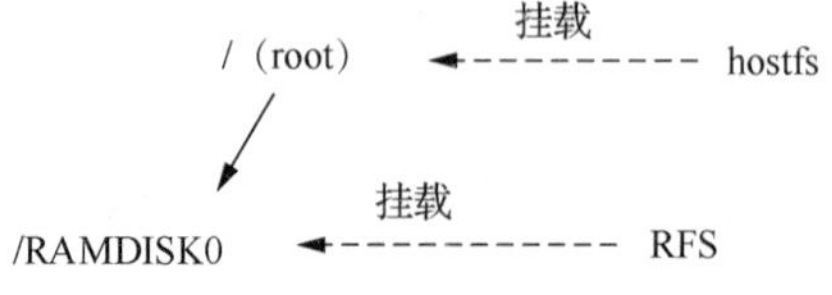

图 6-2　PKE 文件系统的挂载点

从图 6-2 中我们看到，启动阶段 PKE 文件系统会把 hostfs 挂载到根目录下，而把 RFS 挂载到/RAMDISK0 目录下。由于 hostfs 本质上是通过 Spike 的 HTIF 对主机上的文件进行访问的，hostfs 在挂载时会将主机源代码目录下的 hostfs_root 目录作为“根目录”加载到 PKE 文件系统中，作为后者的“根目录”。实际上，PKE 文件系统中被加载为根目录的目录是可以更改的，见 kernel/hostfs.h 文件中的定义：

```
 1 #ifndef _HOSTFS_H_
 2 #define _HOSTFS_H_
 3 #include "vfs.h"
 4
 5 #define HOSTFS_TYPE 1
 6
 7 // dinode type
 8 #define H_FILE FILE_I
 9 #define H_DIR DIR_I
10
11 // root directory
12 #define H_ROOT_DIR "./hostfs_root"
13
14 // hostfs utility function declarations
15 int register_hostfs();
16 struct device *init_host_device(char *name);
17 void get_path_string(char *path, struct dentry *dentry);
18 struct vinode *hostfs_alloc_vinode(struct super_block *sb);
19 int hostfs_write_back_vinode(struct vinode *vinode);
20 int hostfs_update_vinode(struct vinode *vinode);
21
22 // hostfs interface function declarations
23 ssize_t hostfs_read(struct vinode *f_inode, char *r_buf, ssize_t len,
24                  int *offset);
25 ssize_t hostfs_write(struct vinode *f_inode, const char *w_buf, ssize_t
len,
26                   int *offset);
27 struct vinode *hostfs_lookup(struct vinode *parent, struct dentry
*sub_dentry);
28 struct vinode *hostfs_create(struct vinode *parent, struct dentry
*sub_dentry);
29 int hostfs_lseek(struct vinode *f_inode, ssize_t new_offset, int whence,
30                 int *offset);
31 int hostfs_hook_open(struct vinode *f_inode, struct dentry *f_dentry);
32 int hostfs_hook_close(struct vinode *f_inode, struct dentry *dentry);
33 struct super_block *hostfs_get_superblock(struct device *dev);
34
35 extern const struct vinode_ops hostfs_node_ops;
36
37 #endif
```

注意 kernel/hostfs.h 文件中第 12 行的定义，H_ROOT_DIR 的定义其实是可以修改的，感兴趣的读者可以在完成实验后自行修改这个定义，把 PKE 文件系统的根目录定位到自己选择的主机目录下。需要注意的是，如果修改了这个定义，PKE 文件系统的根目录下就具有不同的初始文件和子目录了。对于 RFS，它的根目录被加载到了 PKE 文件系统的/RAMDISK0 目录下，我们将在 6.1.5 小节对 RFS 的实现细节进行讨论。

在应用对文件或者子目录进行访问时，会通过实际被访问的文件或子目录的路径进行判断，来确定实际被访问的文件或子目录的具体放置位置，例如：

- 如果应用访问的路径是/dir1/file1，则实际被访问的文件位于 hostfs 中，且被访问的文件在主机上的存放位置为[源代码目录]/hostfs_root/dir1/file1；
- 如果应用访问的路径是/RAMDISK0/dir2/file2，则实际被访问的文件位于 RFS 中，且被访问的文件的实际存放位置为[RFS 的根目录]/dir2/file2。

6.1.3 文件系统提供的接口

在 PKE 文件系统架构下，进程的文件读写函数调用关系如图 6-3 所示。

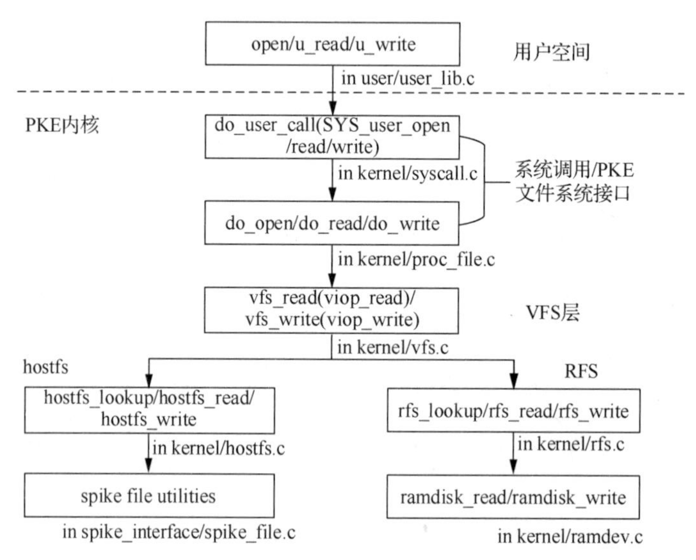

图 6-3　进程的文件读写函数调用关系

从用户程序发出的文件读写操作（如 open、u_read、u_write 等）将会首先通过 syscall 传递到 PKE 内核空间。紧接着，syscall 将调用 proc_file.c 文件中定义的文件读写动作（如 do_open、do_read、do_write 等）。而 proc_file.c 中的动作又会调用 VFS 中定义的数据结构，将动作进一步传递到具体的文件系统（hostfs 或者 RFS），并传递到相应的动作函数，最后传递到不同的设备（HTIF 或者 RAM Disk）上。下面我们将按照自顶向底的顺序对 PKE 文件系统进行讨论。

在 lab4 中，PKE 为进程定义了一个“打开文件表”，并用管理数据结构 proc_file_management 对进程所打开的文件进行管理，见 kernel/proc_file.h 中的定义：

```
21 // data structure that manages all opened files in a PCB
22 typedef struct proc_file_management_t {
23   struct dentry *cwd;  // vfs dentry of current working directory
24   struct file opened_files[MAX_FILES];  // opened files array
25   int nfiles;  // the number of files opened by a process
26 } proc_file_management;
```

我们看到，proc_file_management 结构保存了一个当前目录的 dentry，以及一个“打开文件”数组。该结构是每个 PKE 进程都有的，这一点可以参考 kernel/process.h 中对 process-t 结构的修改：

```
66 typedef struct process_t {
67   // pointing to the stack used in trap handling.
```

```
68  uint64 kstack;
69  // user page table
70  pagetable_t pagetable;
71  // trapframe storing the context of a (User mode) process.
72  trapframe* trapframe;
73
74  // points to a page that contains mapped_regions. below are added @lab3_1
75  mapped_region *mapped_info;
76  // next free mapped region in mapped_info
77  int total_mapped_region;
78
79  // heap management
80  process_heap_manager user_heap;
81
82  // process id
83  uint64 pid;
84  // process status
85  int status;
86  // parent process
87  struct process_t *parent;
88  // next queue element
89  struct process_t *queue_next;
90
91  // accounting. added @lab3_3
92  int tick_count;
93
94  // file system. added @lab4_1
95  proc_file_management *pfiles;
96 }process;
```

我们看到在进程定义的第 95 行，增加了一个 proc_file_management 指针类型的成员 pfiles。这样，每当创建一个进程时，都会调用 kernel/proc_file.c 文件中定义的函数 init_proc_file_management()来对该进程（将来）要打开的文件进行管理，该函数的定义如下：

```
41 proc_file_management *init_proc_file_management(void) {
42   proc_file_management *pfiles = (proc_file_management *)alloc_page();
43   pfiles->cwd = vfs_root_dentry; // by default, cwd is the root
44   pfiles->nfiles = 0;
45
46   for (int fd = 0; fd < MAX_FILES; ++fd)
47     pfiles->opened_files[fd].status = FD_NONE;
48
49   sprint("FS: created a file management struct for a process.\n");
50   return pfiles;
51 }
```

该函数首先为将要管理的“打开文件”分配一个物理页面，将当前目录（cwd）置为根目录，初始化打开文件计数（第 42～44 行）；然后初始化所有“已打开”的文件的文件描述符 fd（第 46～47 行）。kernel/proc_file.c 文件中还定义了一组接口，这组接口用于进程对文件的一系列操作。这些接口可实现文件打开（do_open()）、文件关闭（do_close）、文件读（do_read()）、文件写（do_write）、文件读写定位（do_lseek）、获取文件状态（do_stat），甚至获取磁盘状态（do_disk_stat）。这些接口，都是在应用程序发出对应的文件操作（如 open、close、read_u 等）时，通过用户态函数库，到达 do_syscall，并最后被调用的。

这里，我们对其中比较典型的文件操作，如文件打开和文件读进行分析。我们先来观察 do_open()的实现（见 kernel/proc_file.c 文件）：

```
82 int do_open(char *pathname, int flags) {
83   struct file *opened_file = NULL;
84   if ((opened_file = vfs_open(pathname, flags)) == NULL) return -1;
85
86   int fd = 0;
87   if (current->pfiles->nfiles >= MAX_FILES) {
88     panic("do_open: no file entry for current process!\n");
89   }
90   struct file *pfile;
91   for (fd = 0; fd < MAX_FILES; ++fd) {
92     pfile = &(current->pfiles->opened_files[fd]);
93     if (pfile->status == FD_NONE) break;
94   }
95
96   // initialize this file structure
97   memcpy(pfile, opened_file, sizeof(struct file));
98
99   ++current->pfiles->nfiles;
100  return fd;
101 }
```

我们看到，打开文件时，PKE 内核是通过调用 vfs_open()函数来实现对一个文件的打开动作的（第 84 行）。在文件打开后，会在进程的“打开文件表”中寻找一个未被使用的表项，并将其加入（复制）该表项（第 86～99 行）。我们再来观察另一个典型函数 do_read()的实现（见 kernel/proc_file.c 文件）：

```
107 int do_read(int fd, char *buf, uint64 count) {
108   struct file *pfile = get_opened_file(fd);
109
110   if (pfile->readable == 0) panic("do_read: no readable file!\n");
111
112   char buffer[count + 1];
113   int len = vfs_read(pfile, buffer, count);
114   buffer[count] = '\0';
115   strcpy(buf, buffer);
116   return len;
117 }
```

我们看到，do_read()函数会首先对发起进程读取文件的权限进行判断，通过判断后，会继续通过调用 vfs_read()来实现对文件的真正的读取动作。最后，将读取到的数据复制到参数 buf 中。

实际上，PKE 文件系统提供给进程的所有操作，最终都是通过调用 VFS 层的功能来实现它们的功能的。这里，我们鼓励读者继续阅读其他操作（如文件关闭、文件写等）来观察 PKE 文件系统的这一特点。

6.1.4 虚拟文件系统

虚拟文件系统（VFS）为上层应用提供了一套统一的文件系统访问接口，屏蔽了具体文件系统在文件组织方式、文件操作方式上的差异。由于 VFS 的存在，用户在访问文件系统中的文件时，并不需要关注该文件具体保存在何种文件系统中，通过 VFS 层提供的统一的访问接口来进行文件访问即可，这大大降低了文件系统在使用上的复杂性。

1. VFS的功能接口

在PKE文件系统中，VFS层对上层应用提供了如下一些文件系统访问接口（包括设备接口、文件接口和目录接口），在分支lab4_3_hardlink下的kernel/vfs.h中可以找到完整的声明：

```
21 // device interfaces
22 struct super_block *vfs_mount(const char *dev_name, int mnt_type);
23
24 // file interfaces
25 struct file *vfs_open(const char *path, int flags);
26 ssize_t vfs_read(struct file *file, char *buf, size_t count);
27 ssize_t vfs_write(struct file *file, const char *buf, size_t count);
28 ssize_t vfs_lseek(struct file *file, ssize_t offset, int whence);
29 int vfs_stat(struct file *file, struct istat *istat);
30 int vfs_disk_stat(struct file *file, struct istat *istat);
31 int vfs_link(const char *oldpath, const char *newpath);
32 int vfs_unlink(const char *path);
33 int vfs_close(struct file *file);
34
35 // directory interfaces
36 struct file *vfs_opendir(const char *path);
37 int vfs_readdir(struct file *file, struct dir *dir);
38 int vfs_mkdir(const char *path);
39 int vfs_closedir(struct file *file);
```

上述接口函数可以用来完成文件系统挂载、读写文件和目录、创建文件硬链接等。系统内的其他模块通过调用这些接口函数来完成对文件系统的访问。在6.1.3小节中提到的面向进程的一组接口（do_open()、do_read()等）便是通过调用VFS层提供的这些文件系统访问接口来实现对文件系统的访问的。在实现上，这些名称以“vfs_”开头的函数大部分会通过调用名称以“viop_”开头的函数来完成对具体文件系统的访问，而viop函数则由具体文件系统（RFS或hostfs）自行定义，这是VFS能支持多种文件系统的关键。在下文中会对viop函数进行更详细的介绍。

2. VFS的抽象数据类型

VFS对具体的文件系统进行了抽象，构建出了一个通用的文件系统模型。这个通用的文件系统模型由几种VFS层的抽象数据类型组成，下面分别介绍VFS中的这些抽象数据类型。

- **vinode**

VFS对具体文件系统中的inode进行了抽象，构建出一个通用的vinode对象。vinode对象包含操作系统操作一个文件（或目录）所需要的全部信息，对文件的各种操作都是围绕着vinode进行的。由此可见，vinode是文件系统中文件访问和操作的核心对象。在PKE中，为了与RFS存储在“磁盘”上的inode进行区分，我们将VFS层的抽象inode对象命名为vinode；而实际存储在磁盘上的inode，则被称为disk inode（简称dinode）。vinode会在一个文件被打开时创建，在不被任何dentry引用时释放。另外，RFS对应的vinode都会被存储在哈希链表vinode_hash_table中。设置该表主要是为了避免同一个文件被多次打开时，可能产生多个与之对应的vinode的情况出现。vinode的结构定义如下（见kernel/vfs.h文件）：

```
115 struct vinode {
116   int inum;                    // inode number of the disk inode
```

```
117   int ref;                      // reference count
118   int size;                     // size of the file (in bytes)
119   int type;                     // one of FILE_I, DIR_I
120   int nlinks;                   // number of hard links to this file
121   int blocks;                   // number of blocks
122   int addrs[DIRECT_BLKNUM];   // direct blocks
123   void *i_fs_info;              // filesystem-specific info (see s_fs_info)
124   struct super_block *sb;           // super block of the vfs inode
125   const struct vinode_ops *i_ops;   // vfs inode operations
126 };
```

该结构中需要重点关注的成员是 inum、sb 以及 i_ops。

inum：用于保存一个 vinode 所对应的，存在于磁盘上的 disk inode 序号。对于存在 disk inode 的文件系统（如 RFS）而言，inum 唯一确定了该文件系统中的一个实际的文件。而对于不存在 disk inode 的文件系统（如 hostfs）而言，inum 不会被使用，且该文件系统需要自行提供并维护一个 vinode 所对应的文件在该文件系统中的“定位信息”，VFS 必须能够根据该“定位信息”唯一确定该文件系统中的一个文件。这类“定位信息”由具体文件系统创建、使用（通过 viop 函数实现，后文会介绍）和释放。实际上，PKE 为 hostfs 所设计的“定位信息”就是一个 spike_file_t 结构体（定义在 spike_interface/spike_file.h 中）：

```
9  typedef struct file_t {
10   int kfd;  // file descriptor of the host file
11   uint32 refcnt;
12 } spike_file_t;
```

该结构体保存了宿主机中一个打开文件的文件描述符，结构体的首地址会被保存在 vinode 的 i_fs_info 字段中。

sb：vinode 中的 sb 字段是 struct super_block 类型的字段，它用来记录 inode 所在的文件系统对应的超级块，超级块唯一确定了 vinode 对应的文件系统。

i_ops：i_ops 字段是 struct vinode_ops 类型的字段，它是一组对 vinode 进行操作的函数调用。需要注意的是，在 VFS 中仅提供了 vinode 的操作函数接口，这些函数的具体实现会由下层的文件系统提供。

对于 RFS 而言，vinode 中的其他信息（inum、size、type、nlinks、blocks 以及 addrs）都是在 VFS 首次访问某个磁盘文件或目录时，基于对应的 disk inode 内容产生的。而对于 hostfs，vinode 中的这些信息并不会被使用，而只会设置 i_fs_info 字段。

- **dentry**

dentry 即 directory entry，是 VFS 中对目录项的抽象，该对象在 VFS 中承载了多种功能，包括对 vinode 进行组织、提供目录项缓存以及快速索引支持等，它的定义在 vfs.h 文件中：

```
38 struct dentry {
39   char name[MAX_DENTRY_NAME_LEN];
40   int d_ref;
41   struct vinode *dentry_inode;
42   struct dentry *parent;
43   struct super_block *sb;
45 };
```

与 vinode 类似，dentry 同样是仅存在于内存中的一种抽象数据类型，且一个 dentry 对应一个 vinode（由 dentry_inode 成员记录）。由于硬链接的存在，一个 vinode 可能同时被多个 dentry 引用。另外需要注意的是，在 VFS 中，无论是普通文件还是目录文件，都会有相应的 dentry。

为了支撑 dentry 的功能，内存中的每一个 dentry 都存在于目录树与路径哈希链表两种结构之中。首先，所有的 dentry 会按文件的树形目录结构组织成一棵目录树，每个 dentry 中的 parent 数据项会指向其父 dentry。该目录树结构将内存中存在的 dentry 及对应的 vinode 进行了组织，便于文件的访问。其次，所有的 dentry 都存在于一个以父目录项地址和目录项名为索引的哈希链表（dentry_hash_table）中，将 dentry 存放于哈希链表中可以加快对目录的查询操作。

- **super_block**

super_block 结构体用来保存一个已挂载的文件系统的相关信息。当一个文件系统被挂载到系统中时，其对应的 super_block 会被创建，并读取磁盘上的超级块信息（若存在）来对 super_block 对象进行初始化。对于 RFS 而言，在访问其中的文件时，需要从 super_block 中获取文件系统所在的设备信息，且 RFS 中数据盘块的分配和释放需要借助保存在 s_fs_info 成员中的 bitmap 来完成。而对于 hostfs 而言，它并不存在物理上的超级块，其 VFS 层的 super_block 结构体主要用来维护 hostfs 根目录信息。super_block 结构体的定义在 vfs.h 文件中：

```
104 struct super_block {
105   int magic;              // magic number of the file system
106   int size;               // size of file system image (blocks)
107   int nblocks;            // number of data blocks
108   int ninodes;            // number of inodes.
109   struct dentry *s_root;  // root dentry of inode
110   struct device *s_dev;   // device of the superblock
111   void *s_fs_info;        // filesystem-specific info. for rfs, it points
bitmap
112 };
```

其中最重要的数据项是 s_root 与 s_dev。s_root 指向该文件系统根目录所对应的 dentry，s_dev 则指向该文件系统所在的设备。

- **file**

在用户进程的眼里，磁盘上记录的信息是以文件的形式呈现的。因此，VFS 使用 file 结构体为进程提供一个文件抽象。file 结构体需要记录文件的状态、文件的读写权限、文件读写偏移量以及文件对应的 dentry。该结构体的定义在 vfs.h 中：

```
71 struct file {
72   int status;
73   int readable;
74   int writable;
75   int offset;
76   struct dentry *f_dentry;
77 };
```

显然，VFS 层的 file 结构体只包含一个文件的基本信息。

3. viop 函数的定义和使用

viop 函数是 VFS 与具体文件系统进行交互的重要部分，也是 VFS 能够同时支持多种具体文件系统的关键。viop 函数是在 vinode 上执行的一系列操作函数，操作函数接口的定义可以在 kernel/vfs.h 文件中找到（在 lab4_1_file 与 lab4_2_directory 这两个分支做实验时，代码的 vinode 操作函数接口并不完整，更完整的代码来自 lab4_3_hardlink 分支）：

```
136 struct vinode_ops {
137   // file operations
138   ssize_t (*viop_read)(struct vinode *node, char *buf, ssize_t len,
```

```
139                        int *offset);
140   ssize_t (*viop_write)(struct vinode *node, const char *buf, ssize_t len,
141                         int *offset);
142   struct vinode *(*viop_create)(struct vinode *parent, struct dentry
*sub_dentry);
143   int (*viop_lseek)(struct vinode *node, ssize_t new_off, int whence, int
*off);
144   int (*viop_disk_stat)(struct vinode *node, struct istat *istat);
145   int (*viop_link)(struct vinode *parent, struct dentry *sub_dentry,
146                    struct vinode *link_node);
147   int (*viop_unlink)(struct vinode *parent, struct dentry *sub_dentry,
148                      struct vinode *unlink_node);
149   struct vinode *(*viop_lookup)(struct vinode *parent,
150                                 struct dentry *sub_dentry);
151
152   // directory operations
153   int (*viop_readdir)(struct vinode *dir_vinode, struct dir *dir, int
*offset);
154   struct vinode *(*viop_mkdir)(struct vinode *parent, struct dentry
*sub_dentry);
155
156   // write back inode to disk
157   int (*viop_write_back_vinode)(struct vinode *node);
158
159   // hook functions
160   // In the vfs layer, we do not assume that hook functions will do anything,
161   // but simply call them (when they are defined) at the appropriate time.
162   // Hook functions exist because the fs layer may need to do some
additional
163   // operations (such as allocating additional data structures) at some
critical
164   // times.
165   int (*viop_hook_open)(struct vinode *node, struct dentry *dentry);
166   int (*viop_hook_close)(struct vinode *node, struct dentry *dentry);
167   int (*viop_hook_opendir)(struct vinode *node, struct dentry *dentry);
168   int (*viop_hook_closedir)(struct vinode *node, struct dentry *dentry);
169 };
```

上述函数接口实际上是一系列的函数指针，在 VFS 中的 vinode_ops 结构体中限定了这些函数的参数类型和返回值，但并没有给出这些函数的实际定义。在具体文件系统中，需要根据 vinode_ops 中提供的函数接口来定义具体的函数实现，并将函数地址赋给 vinode_ops 中相应的函数指针。在 VFS 中则通过 vinode_ops 的函数指针调用实际的文件系统操作函数。以 RFS 为例，我们可以在 kernel/rfs.c 中找到一个 vinode_ops 类型变量（rfs_i_ops）的定义（以下完整代码来自 lab4_3_hardlink 分支）：

```
22 const struct vinode_ops rfs_i_ops = {
23    .viop_read = rfs_read,
24    .viop_write = rfs_write,
25    .viop_create = rfs_create,
26    .viop_lseek = rfs_lseek,
27    .viop_disk_stat = rfs_disk_stat,
28    .viop_link = rfs_link,
29    .viop_unlink = rfs_unlink,
30    .viop_lookup = rfs_lookup,
31
```

```
32     .viop_readdir = rfs_readdir,
33     .viop_mkdir = rfs_mkdir,
34
35     .viop_write_back_vinode = rfs_write_back_vinode,
36
37     .viop_hook_opendir = rfs_hook_opendir,
38     .viop_hook_closedir = rfs_hook_closedir,
39 };
```

从该结构中我们可以清楚地看到 inode 操作函数接口（viop_read、viop_write 等）与它们的具体实现（rfs_read、rfs_write 等）之间的对应关系。RFS 中 inode 操作函数的具体实现都定义在 kernel/rfs.c 中，读者可以根据上述 rfs_i_ops 的定义找到它们与 VFS 中接口的对应关系，并阅读其函数实现，这里不一一列举。

回到 vinode_ops，我们可以发现其内部定义了 4 类接口函数，它们分别是 file operations（文件操作）、directory operations（目录操作）、write back vinode to disk（回写 vinode）以及 hook functions（钩子函数）。其中，前两类函数的功能是显而易见的，它们主要用来对文件和目录进行访问和操作（如读写文件、读目录等）。对于 write back inode to disk，根据其注释名称我们也容易得知其功能是将内存中保存的 vinode 数据回写到磁盘，该函数一般会在关闭文件时调用。

而对于 VFS 层为 vinode 提供的钩子函数接口，这里需要进行一些额外的说明：钩子函数与其他 3 类接口函数一样，是由具体文件系统所实现并提供的，在 VFS 层仅定义了它们的参数和返回值。但钩子函数与其他 3 类接口函数不同的地方在于，VFS 层的调用者并不会“期待”钩子函数完成任何工作，而只是在预先规定好的时机对钩子函数进行调用。下面举一个具体的例子，即 vfs_open()（见 kernel/vfs.c）：

```
111 struct file *vfs_open(const char *path, int flags) {
112   struct dentry *parent = vfs_root_dentry; // we start the path lookup
from root.
113   char miss_name[MAX_PATH_LEN];
114
115   // path lookup.
116    struct dentry *file_dentry = lookup_final_dentry(path, &parent,
miss_name);
117
118   // file does not exist
119   if (!file_dentry) {
120     int creatable = flags & O_CREAT;
121
122     // create the file if O_CREAT bit is set
123     if (creatable) {
124       char basename[MAX_PATH_LEN];
125       get_base_name(path, basename);
126
127       // a missing directory exists in the path
128       if (strcmp(miss_name, basename) != 0) {
129               sprint("vfs_open: cannot create file in a non-exist
directory!\n");
130         return NULL;
131       }
132
133       // create the file
134       file_dentry = alloc_vfs_dentry(basename, NULL, parent);
```

```
135         struct vinode *new_inode = viop_create(parent->dentry_inode,
file_dentry);
136       if (!new_inode) panic("vfs_open: cannot create file!\n");
137
138       file_dentry->dentry_inode = new_inode;
139       new_inode->ref++;
140       hash_put_dentry(file_dentry);
141       hash_put_vinode(new_inode);
142     } else {
143       sprint("vfs_open: cannot find the file!\n");
144       return NULL;
145     }
146   }
147
148   if (file_dentry->dentry_inode->type != FILE_I) {
149     sprint("vfs_open: cannot open a directory!\n");
150     return NULL;
151   }
152
153   // get writable and readable flags
154   int writable = 0;
155   int readable = 0;
156   switch (flags & MASK_FILEMODE) {
157     case O_RDONLY:
158       writable = 0;
159       readable = 1;
160       break;
161     case O_WRONLY:
162       writable = 1;
163       readable = 0;
164       break;
165     case O_RDWR:
166       writable = 1;
167       readable = 1;
168       break;
169     default:
170       panic("fs_open: invalid open flags!\n");
171   }
172
173   struct file *file = alloc_vfs_file(file_dentry, readable, writable, 0);
174
175   // additional open operations for a specific file system
176   // hostfs needs to conduct actual file open.
177   if (file_dentry->dentry_inode->i_ops->viop_hook_open) {
178     if (file_dentry->dentry_inode->i_ops->
179         viop_hook_open(file_dentry->dentry_inode, file_dentry) < 0) {
180           sprint("vfs_open: hook_open failed!\n");
181     }
182   }
183
184   return file;
185 }
```

vfs_open()函数就是 6.1.4 小节开始提到的 VFS 层对上层应用提供的接口之一，该函数完成根据文件路径和访问标志位打开一个文件的功能。vfs_open()在第 135 行和第 179 行分别调用了两个viop接口函数：viop_create()（viop_create(node, name)形式是为了调用方便而定义的宏，其展开为node->i_ops->viop_create(node, name)，其他viop接口函数也有类似的宏定义，见kernel/vfs.h）和viop_hook_open()。通过阅读vfs_open()函数实现我们可以发现，vfs_open()函数在发现打开的文件不存在，且调用时具有creatable标志位时，会调用viop_create()对该文件进行创建。而该viop_create()则由具体文件系统提供实现（如RFS中的rfs_create）。在这个过程中我们注意到，vfs_open()函数要想完成打开文件的操作，必须依赖底层文件系统提供一个能够完成"创建新文件并返回其vinode"功能的viop_create()函数。换句话说，除了钩子函数以外的其他viop函数（如viop_create()），在其具体实现中需要实现什么样的功能是在VFS层规定好的，底层文件系统提供的这些viop函数实现必须实现VFS层所预期的功能（如在磁盘中创建一个文件、读写文件或创建硬链接等）。

接下来我们来看vfs_open()实现的第177～182行，对钩子函数（即viop_hook_open()）的调用。代码实现的功能是：若viop_hook_open()函数指针不为NULL，则调用它。可以看到，从VFS层的角度来看，即使viop_hook_open()不完成任何实际功能，甚至没有定义（则不会被调用），也不会影响vfs_open()函数打开文件的功能。换句话说，VFS层对这些钩子函数没有任何的"期待"，只是在正确的位置（打开文件、关闭文件、打开目录和关闭目录）调用它们而已。既然如此，为什么还要有钩子函数的存在呢？实际上，在VFS运行过程中的一些关键时刻，钩子函数能够为具体文件系统提供一个执行自定义代码的"机会"。比如，上文中提到过，hostfs中的spike_file_t结构体包含主机端打开文件的文件描述符，hostfs需要将其首地址保存在文件对应vinode的i_fs_info中。该操作显然需要在打开文件时完成，否则后续对该文件的读写操作就无法顺利进行。但是，这段与hostfs自身细节高度相关的代码显然不应该直接放入vfs_open()函数，而应该由hostfs自己提供，vfs_open()负责为其提供一个执行"机会"。

为了验证这一点，我们可以查看kernel/hostfs.c中hostfs_i_ops的定义（该部分完整定义来自lab4_3_hardlink分支）：

```
14 const struct vinode_ops hostfs_i_ops = {
15     .viop_read = hostfs_read,
16     .viop_write = hostfs_write,
17     .viop_create = hostfs_create,
18     .viop_lseek = hostfs_lseek,
19     .viop_lookup = hostfs_lookup,
20
21     .viop_hook_open = hostfs_hook_open,
22     .viop_hook_close = hostfs_hook_close,
23
24     .viop_write_back_vinode = hostfs_write_back_vinode,
25
26     // not implemented
27     .viop_link = hostfs_link,
28     .viop_unlink = hostfs_unlink,
29     .viop_readdir = hostfs_readdir,
30     .viop_mkdir = hostfs_mkdir,
31 };
```

在第21行可以看到，hostfs确实为viop_hook_open()提供了一个函数实现：hostfs_hook_open()。在kernel/hostfs.c中，我们同样可以找到hostfs_hook_open()的定义：

```
236 int hostfs_hook_open(struct vinode *f_inode, struct dentry *f_dentry)
{
```

```
237   if (f_inode->i_fs_info != NULL) return 0;
238
239   char path[MAX_PATH_LEN];
240   get_path_string(path, f_dentry);
241   spike_file_t *f = spike_file_open(path, O_RDWR, 0);
242   if ((int64)f < 0) {
243     sprint("hostfs_hook_open cannot open the given file.\n");
244     return -1;
245   }
246
247   f_inode->i_fs_info = f;
248   return 0;
249 }
```

由此可见，hostfs_hook_open()函数确实实现了打开一个主机端文件，并将其 spike_file_t 结构体首地址保存在 i_fs_info 的功能。VFS 层一共定义了 4 个钩子函数，它们分别是 viop_hook_open()、viop_hook_close()、viop_hook_opendir()和 viop_hook_closedir()，它们分别在打开文件（vfs_open）、关闭文件（vfs_close）、打开目录（vfs_opendir）和关闭目录（vfs_closedir）时被调用。

hostfs 实现了前两种钩子函数，函数名称以及功能如下。

● hostfs_hook_open()（kernel/hostfs.c#236 行）：通过 HTIF 在宿主机打开文件，并保存文件的文件描述符到 vinode 的 i_fs_info 中。

● hostfs_hook_close()（kernel/hostfs.c#254 行）：通过 HTIF 在宿主机关闭文件。

RFS 实现了后两种钩子函数，函数名称以及功能如下（代码来自 lab4_3_hardlink 分支）：

● rfs_hook_opendir()（kernel/rfc.c#719 行）：读取目录文件内容到目录缓存（有关目录缓存的内容在实验 2 中会详细介绍）中，将目录缓存的地址保存到 vinode 的 i_fs_info 中。

● rfs_hook_closedir()（kernel/rfs.c#751 行）：释放目录缓存。

4. VFS 层的目录组织

类似于底层文件系统中保存在磁盘上的目录结构，VFS 会在内存中构建一棵目录树。任何具体文件系统中的目录树都需要先挂载到这棵 VFS 的目录树上才能够被使用。图 6-4 展示了将两个文件系统挂载到 VFS 目录树后的情形，其中/dir1/file1 和/RAMDISK0/dir2/file2 分别位于不同的文件系统中。

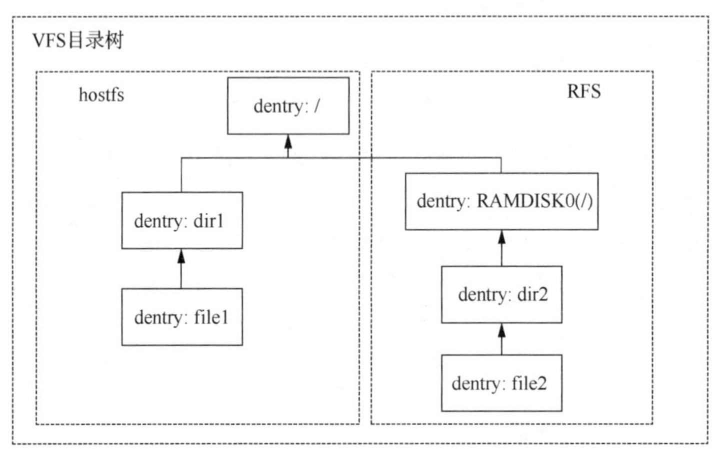

图 6-4　将两个文件系统挂载到 VFS 目录树后的情形

这里，我们回过头来观察 kernel/vfs.c 中 vfs_mount()函数的定义：

```
49 struct super_block *vfs_mount(const char *dev_name, int mnt_type) {
50   // device pointer
51   struct device *p_device = NULL;
52
53   // find the device entry in vfs_device_list named as dev_name
54   for (int i = 0; i < MAX_VFS_DEV; ++i) {
55     p_device = vfs_dev_list[i];
56     if (p_device && strcmp(p_device->dev_name, dev_name) == 0) break;
57   }
58   if (p_device == NULL) panic("vfs_mount: cannot find the device
       entry!\n");
59
60   // add the super block into vfs_sb_list
61   struct file_system_type *fs_type = p_device->fs_type;
62   struct super_block *sb = fs_type->get_superblock(p_device);
63
64   // add the root vinode into vinode_hash_table
65   hash_put_vinode(sb->s_root->dentry_inode);
66
67   int err = 1;
68   for (int i = 0; i < MAX_MOUNTS; ++i) {
69     if (vfs_sb_list[i] == NULL) {
70       vfs_sb_list[i] = sb;
71       err = 0;
72       break;
73     }
74   }
75   if (err) panic("vfs_mount: too many mounts!\n");
76
77   // mount the root dentry of the file system to right place
78   if (mnt_type == MOUNT_AS_ROOT) {
79     vfs_root_dentry = sb->s_root;
80
81     // insert the mount point into hash table
82     hash_put_dentry(sb->s_root);
83   } else if (mnt_type == MOUNT_DEFAULT) {
84     if (!vfs_root_dentry)
85       panic("vfs_mount: root dentry not found, please mount the root device
         first!\n");
86
87     struct dentry *mnt_point = sb->s_root;
88
89     // set the mount point directory's name to device name
90     char *dev_name = p_device->dev_name;
91     strcpy(mnt_point->name, dev_name);
92
93     // by default, it is mounted under the vfs root directory
94     mnt_point->parent = vfs_root_dentry;
95
96     // insert the mount point into hash table
97     hash_put_dentry(sb->s_root);
98   } else {
99     panic("vfs_mount: unknown mount type!\n");
```

```
100   }
101
102   return sb;
103 }
```

为了简化文件系统挂载过程，PKE 文件系统并不支持将一个设备中的文件系统挂载到任意目录下，而是提供了两种固定的挂载方式："挂载为根目录"和"挂载为根目录下的子目录"。vfs_mount()定义的第 78～82 行对应将一个设备中的文件系统挂载为根目录的情况。第 79 行将 VFS 目录树的根目录指向该设备上文件系统的根目录；第 82 行则将根目录的 dentry 插入哈希链表，以加快后续的目录搜索过程。第 83～98 行对应将一个设备中的文件系统挂载为根目录下的子目录的情况。第 91 行将设备上文件系统的根目录对应的 dentry 名称修改为设备名；第 94 行将被挂载设备上的文件系统的根目录对应的 dentry 链接到 VFS 根目录下，作为 VFS 根目录下的一个子目录。注意，第 83～98 行的动作相当于在 VFS 的根目录下创建了一个虚拟目录，虚拟目录的名称为被挂载设备的设备名。例如，若将设备"DEVICE0"以 MOUNT_DEFAULT 方式挂载，则会在 VFS 根目录下创建一个虚拟的子目录（仅存在于内存中，不会在磁盘中创建目录文件），/DEVICE0 作为所挂载设备的挂载点。挂载完成，/DEVICE0 在逻辑上等价于所挂载文件系统的根目录。最后，第 97 行同样将这个新加入 VFS 目录树的 dentry 插入哈希链表，以加快后续的目录搜索。实际上，任何新加入 VFS 目录树的 dentry 都会被同步插入哈希链表。

在上述 VFS 层文件系统挂载过程中，我们应当注意到一个事实：当一个新文件系统被挂载时，PKE 的文件系统并不会立刻读取其磁盘上保存的完整目录结构到 VFS 目录树中，而只是将具体文件系统的根目录添加到 VFS 目录树中。显然，这样做既能节约时间和内存消耗，也更加贴近真实的文件系统运行情况。但是，VFS 如何处理后续对该新挂载文件系统下子目录或子文件的访问呢？通过阅读 kernel/vfs.c 中定义的 lookup_final_dentry()函数可以找到这个问题的答案：

```
304 struct dentry *lookup_final_dentry(const char *path, struct dentry
**parent,
305                                    char *miss_name) {
306   char path_copy[MAX_PATH_LEN];
307   strcpy(path_copy, path);
308
309   // split the path, and retrieves a token at a time.
310   // note: strtok() uses a static (local) variable to store the input path
311   // string at the first time it is called. thus it can out a token each
      // time.
312   // for example, when input path is: /RAMDISK0/test_dir/ramfile2
313   // strtok() outputs three tokens: 1)RAMDISK0, 2)test_dir and 3)ramfile2
314   // at its three continuous invocations.
315   char *token = strtok(path_copy, "/");
316   struct dentry *this = *parent;
317
318   while (token != NULL) {
319     *parent = this;
320     this = hash_get_dentry((*parent), token);  // try hash first
321     if (this == NULL) {
322       // if not found in hash, try to find it in the directory
323       this = alloc_vfs_dentry(token, NULL, *parent);
324       // lookup subfolder/file in its parent directory. note:
```

```
325       // hostfs and rfs will take different procedures for lookup.
326       struct vinode *found_vinode = viop_lookup((*parent)->dentry_inode,
           this);
327       if (found_vinode == NULL) {
328         // not found in both hash table and directory file on disk.
329         free_page(this);
330         strcpy(miss_name, token);
331         return NULL;
332       }
333
334       struct vinode *same_inode = hash_get_vinode(found_vinode->sb,
           found_vinode->inum);
335       if (same_inode != NULL) {
336         // the vinode is already in the hash table (i.e. we are opening
             // another hard link)
337         this->dentry_inode = same_inode;
338         same_inode->ref++;
339         free_page(found_vinode);
340       } else {
341         // the vinode is not in the hash table
342         this->dentry_inode = found_vinode;
343         found_vinode->ref++;
344         hash_put_vinode(found_vinode);
345       }
346
347       hash_put_dentry(this);
348     }
349
350     // get next token
351     token = strtok(NULL, "/");
352   }
353   return this;
354 }
```

该函数用来对一个路径字符串进行目录查询，并返回路径基地址对应的文件或目录的dentry，在 vfs_open()函数中可以找到对它的调用。举例来说：当通过 vfs_open()打开/home/user/file1 文件时，调用 lookup final dentry 时的 path 参数为/home/user/file1，parent 参数为/。此时，lookup final dentry 函数会从 VFS 目录树根目录开始逐级访问其目录文件，以进行目录查询。若 home、user 和 file1 都存在，则该函数会返回 file1 对应的 dentry，parent 会被修改为指向 file1 的父目录（在这个例子中就是 user）。第 318～352 行是其核心功能的实现，该循环会依次处理路径字符串中的每个 token（在这个例子中依次是：home、user、file1）。在第 320 行，先尝试在哈希链表中查询。若当前 token 已经在 VFS 目录树中，则能直接获取到该 token 对应的 dentry，不需要访问底层文件系统；若当前 token 不在 VFS 目录树中，则会执行第 321～348 行的代码。其中最关键的是第 326 行，该行通过父目录的 vinode 调用了 viop_lookup()函数，而该函数是由具体文件系统所提供的。在 RFS 中，viop_lookup()对应的实现是 rfs_lookup()函数。rfs_lookup()函数定义在 kernel/rfs.c 中：

```
429 struct vinode *rfs_lookup(struct vinode *parent, struct dentry
     *sub_dentry) {
430   struct rfs_direntry *p_direntry = NULL;
431   struct vinode *child_vinode = NULL;
432
```

```
433   int total_direntrys = parent->size / sizeof(struct rfs_direntry);
434   int one_block_direntrys = RFS_BLKSIZE / sizeof(struct rfs_direntry);
435
436   struct rfs_device *rdev = rfs_device_list[parent->sb->s_dev->dev_id];
437
438   // browse the dir entries contained in a directory file
439   for (int i = 0; i < total_direntrys; ++i) {
440     if (i % one_block_direntrys == 0) {  // read in the disk block at
        boundary
441       rfs_r1block(rdev, parent->addrs[i / one_block_direntrys]);
442       p_direntry = (struct rfs_direntry *)rdev->iobuffer;
443     }
444     if (strcmp(p_direntry->name, sub_dentry->name) == 0) {  // found
445       child_vinode = rfs_alloc_vinode(parent->sb);
446       child_vinode->inum = p_direntry->inum;
447       if (rfs_update_vinode(child_vinode) != 0)
448         panic("rfs_lookup: read inode failed!");
449       break;
450     }
451     ++p_direntry;
452   }
453   return child_vinode;
454 }
```

重点关注第 439～452 行，这部分代码逐个遍历 parent 目录文件中的所有目录项（保存在 RAM Disk 中），将 parent 下目录项的名称与传入的待查询子目录的名称进行比较（第 444 行），并在找到目标子目录时为其分配 vinode（第 445 行），最后将其返回。

回到 lookup_final_dentry()函数的实现，若 viop_lookup()成功在底层文件系统中查询当前 token，则在第 334～345 行检查该 token 对应的 vinode 是否已经在之前被创建过，且存入了 vinode 哈希链表。若已存在，则直接将 token 对应的 dentry 指向从哈希链表中查询到的 vinode，并将所找到的 vinode 释放（第 337～339 行）；若不存在，则将 dentry 指向该新找到的 vinode，并将其插入哈希链表（第 342～344 行）。由上述过程可见，**在搜索路径的过程中会遇到不在 VFS 目录树中的节点，而这些节点会“按需”从磁盘中读出，并被加入 VFS 目录树**。这便是 VFS 目录树的构造过程。需要说明的是，PKE 中的 VFS 层为了降低代码的复杂性，并没有加入 VFS 目录树中 dentry 的淘汰和回收机制。虽然从理论上来说，VFS 目录树中的节点越多，越有利于后续对文件系统的快速访问，但在真实的文件系统中，VFS 目录树中的节点数量受制于有限的内存资源，不可能无限制增长，当节点数量达到上限时，应当从 VFS 目录树中挑选一些“旧”的 dentry 进行回收，以便新节点的加入。

5. VFS 层的哈希缓存

VFS 通过哈希表的形式实现了对 dentry 与 vinode 两种结构的缓存（Cache）和快速索引，dentry 和 vinode 都采用 util/hash_table.h 中定义的通用哈希表（Hash Table）实现，并提供各自的 key 类型、哈希函数以及 key 的等值判断函数。在 kernel/vfs.c 中能找到这两个哈希表的定义：

```
16 struct hash_table dentry_hash_table;
17 struct hash_table vinode_hash_table;
```

首先讨论 dentry 的哈希缓存。dentry 哈希缓存的主要作用是加快 VFS 中的路径查找过程。下面是其 key 类型定义（kernel/vfs.h）：

```
56 struct dentry_key {
57   struct dentry *parent;
58   char *name;
59 };
```

从中可以看出，dentry 通过其父 dentry 指针与 dentry 名称进行索引。之所以不直接使用 name 字段对 dentry 进行索引，是因为不同目录下存在同名子目录或子文件的情况非常常见，直接使用 name 会导致太多的哈希冲突，而加入父 dentry 指针后，冲突率会大大降低。下面是根据 dentry_key 定义的 dentry 哈希函数（kernel/vfs.c）：

```
427 size_t dentry_hash_func(void *key) {
428   struct dentry_key *dentry_key = key;
429   char *name = dentry_key->name;
430
431   size_t hash = 5381;
432   int c;
433
434   while ((c = *name++)) hash = ((hash << 5) + hash) + c;  // hash * 33 + c
435
436   hash = ((hash << 5) + hash) + (size_t)dentry_key->parent;
437   return hash % HASH_TABLE_SIZE;
438 }
```

当在查询 dentry 发生哈希冲突时，hash_table 会调用 dentry_key 的等值判断函数依次将冲突 dentry 的 key 与目标 key 进行比较，找出与目标 key 值匹配的 dentry。下面是这个等值判断函数的定义（kernel/vfs.c）：

```
417 int dentry_hash_equal(void *key1, void *key2) {
418   struct dentry_key *dentry_key1 = key1;
419   struct dentry_key *dentry_key2 = key2;
420   if (strcmp(dentry_key1->name, dentry_key2->name) == 0 &&
421       dentry_key1->parent == dentry_key2->parent) {
422     return 1;
423   }
424   return 0;
425 }
```

上述代码表明，当 parent 字段与 name 字段都匹配时，可以认为两个 dentry 的 key 相等。由于一个目录下不会存在同名的子文件或目录（在 PKE 中，我们不允许目录下的子文件与子目录同名），因此该函数能够用来从 dentry 哈希表中唯一确定一个 dentry。

vinode 哈希缓存的主要作用与 dentry 哈希缓存的不同。我们先总结一下在 VFS 中访问一个文件的过程。

（1）从文件路径字符串找到文件对应的 dentry。在这个过程中 dentry 哈希缓存起到了加速寻找的作用。

（2）从文件对应的 dentry 找到文件的 vinode。由于每个 dentry 中都记录了对应的 vinode，所以通过 dentry 可以直接找到对应的 vinode，不需要进行额外的操作。

（3）通过 vinode 访问文件。

从这个过程中可以看出，vinode 的哈希缓存并没有在访问文件时起作用。实际上，vinode 哈希缓存在创建新的 vinode 时使用，用来保证 vinode 的唯一性，避免出现多个 vinode 对应同一个文件的情况。具体来讲，由于 RFS 中硬链接的存在，应用程序可以通过不同的文件别名打开同一个文件。当同时通过文件的多个别名打开一个文件时，文件系统正确的行为应该是让不同别名对应的 dentry 指向同一个 vinode。这时便存在一种情形：先用某一个文件别名打开了文件（此时文件的 vinode 被创建），在关闭这个文件之前又用该文件的其他别名再次打开了这个文件。这时文件系统需要找到对应该文件的已经被创建了的 vinode，并将第二次打开文件时所用别名对应的 dentry 指向该 vinode（而不是重新创建）。在这个过程中，需要 vinode 哈希缓存辅助完成以下两件事。

（1）判断新创建的 vinode 是否已经在 VFS 中存在。

（2）若已存在相同的 vinode，则要能获取到这个已存在的 vinode。

在 VFS 中，当一个文件对应的 vinode 被创建（如打开文件）时，首先通过其 key 值对 vinode 哈希缓存进行查询，若发现哈希表中已存在相同 key 的 vinode，则将新创建的 vinode 废弃，使用从哈希表中找到的 vinode 完成后续操作；若发现哈希表中不存在相同 key 的 vinode，则将新创建的 vinode 加入哈希表中，并用该 vinode 完成后续操作。（前文中介绍的 lookup_final_dentry()函数便存在该过程。）

下面给出 vinode 哈希表对应的 key 类型定义（kernel/vfs.h）：

```
169 struct vinode_key {
170   int inum;
171   struct super_block *sb;
172 };
```

vinode 的 key 值由 disk inode 号与文件系统对应的超级块构成。disk inode 号在一个文件系统中具有唯一性，因此一个 disk inode 号加上一个文件系统对应的超级块便能够唯一确定一个 vinode。vinode 的等值判断函数与哈希函数同样定义在 kernel/vfs.c 中，这里不再罗列，请读者自行阅读。另外，由于本实验中 hostfs 对应的 vinode 不存在 disk inode 号，因此该 vinode 不会被加入上述 vinode 哈希表中（hostfs 不存在硬链接，也不需要回写 vinode 数据，因此无须担心上述异常情况）。

6.1.5 RFS

本实验中，为了让读者更详细地了解文件系统的组织结构，我们以块设备上的传统文件系统为模板，在 RAM Disk 上实现 RFS。RFS 在简化了操作系统与外存硬件交互有关细节的同时，清晰地展示了文件系统中的一些关键数据结构（如 superblock、dinode、bitmap 和目录项等）以及建立在这些数据结构之上的相关操作的实现。

1. RFS 的磁盘结构和格式化过程

图 6-5 给出了 RFS 的磁盘结构和块组的内容，RFS 由大量块组组成，在硬盘上相继排布。

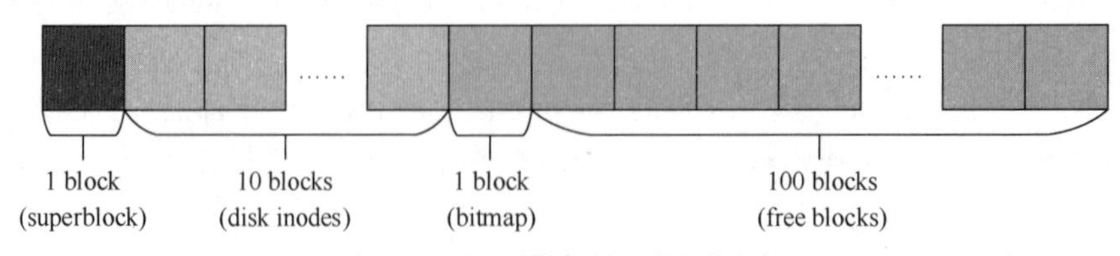

图 6-5 RFS 的磁盘结构和块组的内容

RFS 采用了类似 Linux 文件系统（如 ext 文件系统）的磁盘布局，在磁盘上存储的内容如下。

● **superblock**：包含文件系统的重要信息，例如 disk inode 总个数、块总个数、数据块总个数等。其保存的数据结构如下：

```
29 struct rfs_superblock {
30   int magic;    // magic number of rfs
31   int size;     // size of file system image (blocks)
32   int nblocks;  // number of data blocks
33   int ninodes;  // number of inodes.
34 };
```

● **disk inodes**：dinode是在磁盘上存储的索引节点，用来记录文件的元数据信息，比如文件大小、文件类型、文件占用的块数、数据在磁盘的位置等。**索引节点是文件的唯一标识**。inodes部分分配的磁盘块用来保存所有磁盘文件的dinode，每一个磁盘块（4KB）可保存32个dinode。dinode的数据结构如下，其中addrs字段会按顺序记录文件占用的块号（直接索引）：

```
37 struct rfs_dinode {
38   int size;                         // size of the file (in bytes)
39   int type;                         // one of R_FREE, R_FILE, R_DIR
40   int nlinks;                       // number of hard links to this file
41   int blocks;                       // number of blocks
42   int addrs[RFS_DIRECT_BLKNUM];     // direct blocks
43 };
```

● **bitmap**：用于表示对应的数据块是否空闲，对应一个简单的一维数组。

```
int * freemap;
```

freemap[blkno]=1代表第blkno个数据块被占用了，freemap[blkno]=0则代表第blkno个数据块是空闲的，RFS位图示例如图6-6所示。

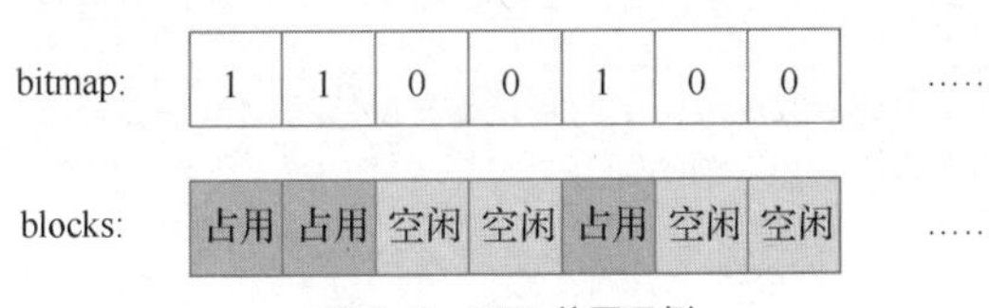

图6-6 RFS位图示例

● **free blocks**：磁盘上实际可以存储用户数据的区域。

PKE系统启动时，会调用格式化函数对RAM Disk进行格式化，并将上述磁盘布局写入RAM Disk。在kernel/rfs.c中，我们可以找到rfs_format_dev()格式化函数：

```
54 int rfs_format_dev(struct device *dev) {
55   struct rfs_device *rdev = rfs_device_list[dev->dev_id];
56
57   // ** first, format the superblock
58   // build a new superblock
59   struct super_block *super = (struct super_block *)rdev->iobuffer;
60   super->magic = RFS_MAGIC;
61   super->size =
62       1 + RFS_MAX_INODE_BLKNUM + 1 + RFS_MAX_INODE_BLKNUM * RFS_DIRECT_BLKNUM;
63   // only direct index blocks
64   super->nblocks = RFS_MAX_INODE_BLKNUM * RFS_DIRECT_BLKNUM;
65   super->ninodes = RFS_BLKSIZE / RFS_INODESIZE * RFS_MAX_INODE_BLKNUM;
66
67   // write the superblock to RAM Disk0
68   if (rfs_w1block(rdev, RFS_BLK_OFFSET_SUPER) != 0)  // write to device
69     panic("RFS: failed to write superblock!\n");
70
71   // ** second, set up the inodes and write them to RAM Disk
```

```
72  // build an empty inode disk block which has RFS_BLKSIZE/RFS_INODESIZE
      // (=32)
73  // disk inodes
74  struct rfs_dinode *p_dinode = (struct rfs_dinode *)rdev->iobuffer;
75  for (int i = 0; i < RFS_BLKSIZE / RFS_INODESIZE; ++i) {
76    p_dinode->size = 0;
77    p_dinode->type = R_FREE;
78    p_dinode->nlinks = 0;
79    p_dinode->blocks = 0;
80    p_dinode = (struct rfs_dinode *)((char *)p_dinode + RFS_INODESIZE);
81  }
82
83  // write RFS_MAX_INODE_BLKNUM(=10) empty inode disk blocks to RAM Disk0
84  for (int inode_block = 0; inode_block < RFS_MAX_INODE_BLKNUM;
     ++inode_block) {
85    if (rfs_w1block(rdev, RFS_BLK_OFFSET_INODE + inode_block) != 0)
86      panic("RFS: failed to initialize empty inodes!\n");
87  }
88
89  // build root directory inode (ino = 0)
90  struct rfs_dinode root_dinode;
91  root_dinode.size = 0;
92  root_dinode.type = R_DIR;
93  root_dinode.nlinks = 1;
94  root_dinode.blocks = 1;
95  root_dinode.addrs[0] = RFS_BLK_OFFSET_FREE;
96
97  // write root directory inode to RAM Disk0 (ino = 0)
98  if (rfs_write_dinode(rdev, &root_dinode, 0) != 0) {
99    sprint("RFS: failed to write root inode!\n");
100     return -1;
101   }
102
103   // ** third, write freemap to disk
104   int *freemap = (int *)rdev->iobuffer;
105   memset(freemap, 0, RFS_BLKSIZE);
106   freemap[0] = 1;  // the first data block is used for root directory
107
108   // write the bitmap to RAM Disk0
109   if (rfs_w1block(rdev, RFS_BLK_OFFSET_BITMAP) != 0) {  // write to device
110     sprint("RFS: failed to write bitmap!\n");
111     return -1;
112   }
113
114   sprint("RFS: format %s done!\n", dev->dev_name);
115   return 0;
116 }
```

rfs_format_dev()函数在第57～69行构建了RFS的超级块，并将其写入RAM Disk的第RFS_BLK_OFFSET_SUPER（=0）块盘块；第71～87行初始化了RAM Disk的32 × 10个inode；第89～101行将根目录inode写入第0号inode；第103～112行将bitmap进行初始化，并写入第RFS_BLK_OFFSET_BITMAP（=11）块盘块。注意第106行，由于第0块数据盘块已经被根目录所占用（第95行分配），所以freemap[0] = 1。

2. RFS 的 dinode 和目录项

文件系统除了需要保存文件的内容以外，还需要保存文件系统的元数据信息，例如文件大小、类型以及创建时间等信息。在 RFS 中，文件的元数据信息作为一个 dinode 单独存放在 RAM Disk 的 disk inodes 块组区域中。另外，由于文件的元数据信息与文件内容分开存放，元数据信息显然应该记录下文件内容所在的物理地址，这样才能够根据文件的 dinode 访问到文件内容。RFS 中的 dinode 结构（rfs_dinode）已在前文中给出，与 VFS 中的抽象结构 vinode 不同，RFS 中的 dinode 是实际保存在 RAM Disk 上的数据结构，其名称 disk 的第一个字母 d 便是对这一点的强调，读者在阅读代码时应注意将 dinode 与 vinode 进行区分。

值得注意的是，rfs_dinode 结构中包含文件的大小、类型、硬链接数、盘块数以及文件内容的物理地址，但是并没有记录文件的文件名。实际上，文件的文件名同样是一个文件的重要属性，其保存在目录文件中。这里需要引入 RFS 中的另外一个数据结构——RFS 目录项，它的定义在 kernel/rfs.h 文件中：

```
46 struct rfs_direntry {
47   int inum;                           // inode number
48   char name[RFS_MAX_FILE_NAME_LEN];   // file name
49 };
```

注意，结构体 rfs_direntry 与 VFS 中的 dentry 完全不同，它是实际保存在 RAM Disk 上的结构，它的功能更加单一，一个 rfs_direntry 仅包含一个文件（或目录）的名称与其对应的 dinode 号。RFS **目录文件**就是由一个接一个的 rfs_direntry 构成的，如图 6-7 所示。

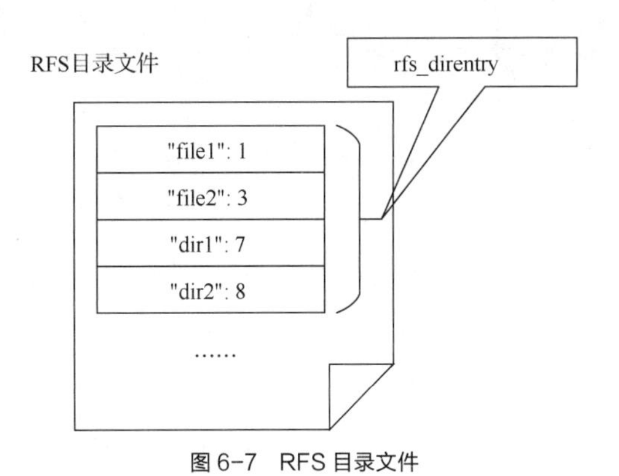

图 6-7 RFS 目录文件

rfs_direntry 实际上起到了将文件名与文件 dinode 关联起来的作用，当用户通过文件名访问文件内容时，首先会遍历文件父目录中的 rfs_direntry，找到 name 字段与文件名相匹配的 rfs_direntry，再通过其对应的 inum（dinode 序号）从 RAM Disk 的 inodes 块组中读出文件对应的 dinode，进一步根据 dinode 中保存的文件内容的物理地址读取文件内容。由于 RFS 采用树形目录的组织形式，因此该过程实际上会重复进行多次，读者想了解此过程可以参考我们前面对 lookup_final_dentry()函数的讨论。

3. RFS 的硬链接

硬链接从一个文件 A 指向另一个文件 B，以实现共享的手段。它的实现方法是建立一个指向某个已经存在的文件 B 的文件 A 目录项，文件 A 目录项的索引节点（即 inum）为文件 B 对应的 dinode 编号。硬链接的建立是不能跨越文件系统的，这是因为每个文件系统都有自己的索引数据结构和编号。在文件系统中允许多个目录项指向同一个索引节点，并在磁盘上文件对应的索引节点中记录文件的硬链接数，文件的硬链接数等于指向该文件索引节点的目录项数。为文件创建新的硬链接会使硬链接数加 1，而删除文件只是将文件的硬链接数减 1，直到硬链接数为 0 时，系统才会真正删除该文件。

RFS 给每个文件都分配了一个硬链接数 nlinks，在 rfs_dinode 的定义中可以找到（见 kernel/rfs.h）：

```
37 struct rfs_dinode {
38   int size;                        // size of the file (in bytes)
39   int type;                        // one of R_FREE, R_FILE, R_DIR
40   int nlinks;                      // number of hard links to this file
41   int blocks;                      // number of blocks
42   int addrs[RFS_DIRECT_BLKNUM];   // direct blocks
43 };
```

当一个文件刚刚被创建时，该文件的硬链接数为 1。在 lab4_3 中，我们可以通过系统调用为一个已存在的文件创建硬链接，每次为文件创建一个新的硬链接，该文件的硬链接数便加 1。类似地，当删除文件的一个硬链接时，文件的硬链接数会减 1。当硬链接数为 0 时，文件会从磁盘上删除，也就是文件的 dinode 和所有的数据盘块会被释放。图 6-8 所示为一个 RFS 中的硬链接的例子。

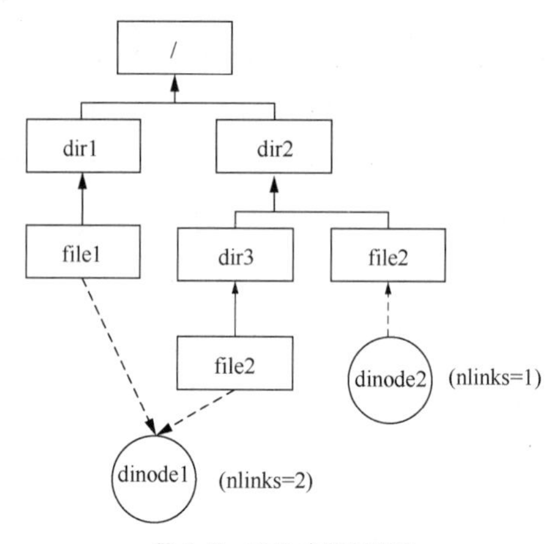

图 6-8　RFS 中的硬链接

在图 6-8 中，虽然 file1 与 file2 文件名不同，且位于不同的目录下，但是它们实际上对应于同一个文件，因为它们对应同一个 dinode（图 6-8 中的 dinode1）。下面从目录文件和 dinode 两方面来分析这个例子。首先，对于目录文件而言，目录 dir1 的文件内容包含目录项（类型为 rfs_direntry）"file1":1（我们假设 dinode1 的 inode 号为 1）；同样地，目录 dir3 包含"file2":1。由此可见，两个目录项对应的 inode 号是相同的，都对应 dinode1。其次，对于 dinode1 而言，因为其被两个目录项所引用，所以其硬链接数 nlinks 为 2。这里可以对比 dinode2，该 dinode 仅被 file2 一个目录项所引用，所以它的硬链接数为 1。

6.2　实验 lab4_1 文件

1. 给定应用

- user/app_file.c：

```
01 #include "user_lib.h"
```

```
02 #include "util/string.h"
03 #include "util/types.h"
04
05 int main(int argc, char *argv[]) {
06  int fd;
07  int MAXBUF = 512;
08  char buf[MAXBUF];
09  char str[] = "hello world";
10  int fd1, fd2;
11
12  printu("\n======== Test 1: read host file  ========\n");
13  printu("read: /hostfile.txt\n");
14
15  fd = open("/hostfile.txt", O_RDONLY);
16  printu("file descriptor fd: %d\n", fd);
17
18  read_u(fd, buf, MAXBUF);
19  printu("read content: \n%s\n", buf);
20
21  close(fd);
22
23  printu("\n======== Test 2: create/write rfs file ========\n");
24  printu("write: /RAMDISK0/ramfile\n");
25
26  fd = open("/RAMDISK0/ramfile", O_RDWR | O_CREAT);
27  printu("file descriptor fd: %d\n", fd);
28
29  write_u(fd, buf, strlen(buf));
30  printu("write content: \n%s\n", buf);
31  close(fd);
32
33  printu("\n======== Test 3: read rfs file ========\n");
34  printu("read: /RAMDISK0/ramfile\n");
35
36  fd = open("/RAMDISK0/ramfile", O_RDWR);
37  printu("file descriptor fd: %d\n", fd);
38
39  read_u(fd, buf, MAXBUF);
40  printu("read content: \n%s\n", buf);
41  close(fd);
42
43  printu("\n======== Test 4: open twice ========\n");
44
45  fd1 = open("/RAMDISK0/ramfile", O_RDWR | O_CREAT);
46  fd2 = open("/RAMDISK0/ramfile", O_RDWR | O_CREAT);
47
48  printu("file descriptor fd1(ramfile): %d\n", fd1);
49  printu("file descriptor fd2(ramfile): %d\n", fd2);
50
51  write_u(fd1, str, strlen(str));
52  printu("write content: \n%s\n", str);
53
54  read_u(fd2, buf, MAXBUF);
55  printu("read content: \n%s\n", buf);
56
```

```
57    close(fd1);
58    close(fd2);
59
60    printu("\nAll tests passed!\n\n");
61    exit(0);
62    return 0;
63 }
```

在这个应用中，我们打开了一个宿主机文件/hostfile.txt 和一个 RAM Disk 文件/RAMDISK0/ramfile，并从宿主机读入 hostfile.txt 的内容，将其写入 ramfile，再从 ramfile 中读出，检查对应功能是否正确实现。

● （先提交 lab3_3 的答案，然后）切换到 lab4_1，继承 lab3_3 以及之前实验所做的修改，并进行 make 后的直接运行结果如下：

```
//切换到 lab4_1
$ git checkout lab4_1_file

//继承 lab3_3 以及之前实验所做的修改
$ git merge lab3_3_rrsched -m "continue to work on lab4_1"

//重新构造
$ make clean; make

//运行
$ spike ./obj/riscv-pke ./obj/app_file
In m_start, hartid:0
HTIF is available!
(Emulated) memory size: 2048 MB
Enter supervisor mode...
PKE kernel start 0x0000000080000000, PKE kernel end: 0x000000008000d000, PKE kernel size: 0x000000000000d000 .
free physical memory address: [0x000000008000d000, 0x0000000087ffffff]
kernel memory manager is initializing ...
KERN_BASE 0x0000000080000000
physical address of _etext is: 0x0000000080007000
kernel page table is on
RAMDISK0: base address of RAMDISK0 is: 0x0000000087f37000
RFS: format RAMDISK0 done!
Switch to user mode...
in alloc_proc. user frame 0x0000000087f2f000, user stack 0x000000007ffff000, user kstack 0x0000000087f2e000
FS: created a file management struct for a process.
in alloc_proc. build proc_file_management successfully.
User application is loading.
Application: obj/app_file
CODE_SEGMENT added at mapped info offset:3
DATA_SEGMENT added at mapped info offset:4
Application program entry point (virtual address): 0x00000000000100b0
going to insert process 0 to ready queue.
going to schedule process 0 to run.

======== Test 1: read host file  ========
read: /hostfile.txt
file descriptor fd: 0
```

```
read content:
This is an apple.
Apples are good for our health.


======== Test 2: create/write rfs file ========
write: /RAMDISK0/ramfile
You need to implement the code of populating a disk inode in lab4_1.

System is shutting down with exit code -1.
```

从以上运行结果来看，我们的应用 app_file.c 并未如愿地完成文件的读写操作。进一步分析程序的运行结果，我们可以发现在 Test 1 中，应用顺利完成了对位于宿主机文件系统的 hostfile.txt 文件的读操作。而在 Test 2 中，向位于 RFS 中的 ramfile 执行的写操作并未顺利完成。

2. 实验内容

在 riscv-pke 操作系统内核中完善对文件的操作，使得它能够正确处理用户进程的打开、创建、读写文件请求。实验完成后的运行结果：

```
$ spike ./obj/riscv-pke ./obj/app_file
In m_start, hartid:0
HTIF is available!
(Emulated) memory size: 2048 MB
Enter supervisor mode...
PKE kernel start 0x0000000080000000, PKE kernel end: 0x000000008000e000, PKE
kernel size: 0x000000000000e000 .
free physical memory address: [0x000000008000e000, 0x0000000087ffffff]
kernel memory manager is initializing ...
KERN_BASE 0x0000000080000000
physical address of _etext is: 0x0000000080008000
kernel page table is on
RAMDISK0: base address of RAMDISK0 is: 0x0000000087f37000
RFS: format RAMDISK0 done!
Switch to user mode...
in alloc_proc. user frame 0x0000000087f2f000, user stack 0x000000007ffff000,
user kstack 0x0000000087f2e000
FS: created a file management struct for a process.
in alloc_proc. build proc_file_management successfully.
User application is loading.
Application: obj/app_file
CODE_SEGMENT added at mapped info offset:3
DATA_SEGMENT added at mapped info offset:4
Application program entry point (virtual address): 0x00000000000100b0
going to insert process 0 to ready queue.
going to schedule process 0 to run.

======== Test 1: read host file  ========
read: /hostfile.txt
file descriptor fd: 0
read content:
This is an apple.
Apples are good for our health.
```

```
======== Test 2: create/write rfs file ========
write: /RAMDISK0/ramfile
file descriptor fd: 0
write content:
This is an apple.
Apples are good for our health.


======== Test 3: read rfs file ========
read: /RAMDISK0/ramfile
file descriptor fd: 0
read content:
This is an apple.
Apples are good for our health.


======== Test 4: open twice ========
file descriptor fd1(ramfile): 0
file descriptor fd2(ramfile): 1
write content:
hello world
read content:
hello world

All tests passed!

User exit with code:0.
no more ready processes, system shutdown now.
System is shutting down with exit code 0.
```

3．实验指导

从程序的运行结果可以看出，Test 2 中对 RFS 文件执行的写操作并未顺利返回。通过阅读 app_file.c 中的代码，我们可以发现 Test 2 执行了文件的打开、写和关闭操作，其中函数 write_u()并未顺利返回。该函数定义在 user_lib.c 文件中，从函数定义可以看出，打开文件操作对应着 SYS_user_open 系统调用。与之前实验中涉及的系统调用一样，打开文件系统调用的处理函数同样被定义在 syscall.c 文件中：

```
101 ssize_t sys_user_open(char *pathva, int flags) {
102   char* pathpa = (char*)user_va_to_pa((pagetable_t)(current->pagetable),
pathva);
103   return do_open(pathpa, flags);
104 }
```

该函数在对文件路径字符串地址进行虚拟地址到物理地址的转换后，会调用 do_open()函数完成余下的打开文件操作。do_open()函数在 6.1.3 小节中已经进行了介绍，其通过调用 vfs_open()函数打开文件，并获取该文件的 file 对象。vfs_open()函数的完整功能也已在 6.1.4 小节中进行了介绍。由于在 Test 2 中打开的文件/RAMDISK0/ramfile 是不存在的，所以 vfs_open()函数会调用 viop_create()函数进行文件的创建。viop_create()在 RFS 中的实现为 rfs_create()，其定义在 kernel/rfs.c 文件中：

```
456 //
457 // create a file with "sub_dentry->name" at directory "parent" in rfs.
458 // return the vfs inode of the file being created.
459 //
```

```
460 struct vinode *rfs_create(struct vinode *parent, struct dentry
*sub_dentry) {
461   struct rfs_device *rdev = rfs_device_list[parent->sb->s_dev->dev_id];
462
463   // ** find a free disk inode to store the file that is going to be created
464   struct rfs_dinode *free_dinode = NULL;
465   int free_inum = 0;
466   for (int i = 0; i < (RFS_BLKSIZE / RFS_INODESIZE * RFS_MAX_INODE_BLKNUM);
467        ++i) {
468     free_dinode = rfs_read_dinode(rdev, i);
469     if (free_dinode->type == R_FREE) {  // found
470       free_inum = i;
471       break;
472     }
473     free_page(free_dinode);
474   }
475
476   if (free_dinode == NULL)
477 .     panic("rfs_create: no more free disk inode, we cannot create
file.\n" );
478
479   // initialize the states of the file being created
480
481   // TODO (lab4_1): implement the code for populating the disk inode
(free_dinode)
482   // of a new file being created.
483   // hint:  members of free_dinode to be filled are:
484   // size, should be zero for a new file.
485   // type, see kernel/rfs.h and find the type for a rfs file.
486   // nlinks, i.e., the number of links.
487   // blocks, i.e., its block count.
488   // note: DO NOT DELETE CODE BELOW PANIC.
489   panic("You need to implement the code of populating a disk inode in
lab4_1.\n" );
490
491   // DO NOT REMOVE ANY CODE BELOW.
492   // allocate a free block for the file
493   free_dinode->addrs[0] = rfs_alloc_block(parent->sb);
494
495   // **  write the disk inode of file being created to disk
496   rfs_write_dinode(rdev, free_dinode, free_inum);
497   free_page(free_dinode);
498
499   // ** build vfs inode according to dinode
500   struct vinode *new_vinode = rfs_alloc_vinode(parent->sb);
501   new_vinode->inum = free_inum;
502   rfs_update_vinode(new_vinode);
503
504   // ** append the new file as a direntry to its parent dir
505   int result = rfs_add_direntry(parent, sub_dentry->name, free_inum);
506   if (result == -1) {
507     sprint("rfs_create: rfs_add_direntry failed");
508     return NULL;
509   }
```

```
510
511   return new_vinode;
512 }
```

第463～474行，在RFS中查找一个空闲的dinode，将该dinode保存到free_dinode中，并将其dinode号记录到free_inum中；在第479～489行，我们找到了本实验中缺失的代码块。根据注释提示可以看出，需要完成新文件dinode的初始化操作。

继续阅读剩下的代码，第493行为新文件分配了一块数据盘块；第495～497行将初始化完成的dinode写回到RAM Disk中；第499～502行为新文件创建了一个vinode，并从RAM Disk读入相关数据项；第504～509行，在新文件的父目录文件中添加了一个新的目录项。

● 实验完毕，记得提交修改（命令行中-m后的字符串可自行确定），以便在后续实验中继承lab4_1中所做的工作：

```
$ git commit -a -m "my work on lab4_1 is done."
```

4. 答案解析

将kernel/rfs.c中的：

```
panic("You need to implement the code of populating a disk inode in lab4_1.\n" );
```

替换为：

```
free_dinode->size = 0;
free_dinode->type = R_FILE;
free_dinode->nlinks = 1;
free_dinode->blocks = 1;
```

替换原因如下。

初始化disk inode。对于一个新创建的文件，其文件大小（size）为0、类型（type）为普通文件（R_FILE）、硬链接数（nlinks）为1。由于新文件会被默认分配一个数据盘块，所以其占用数据盘块数（blocks）为1。

6.3 实验lab4_2 目录文件

1. 给定应用

● user/app_directory.c：

```
1 #include "user_lib.h"
2 #include "util/string.h"
3 #include "util/types.h"
4
5 void ls(char *path) {
6   int dir_fd = opendir_u(path);
7   printu("------------------------------\n");
8   printu("ls \"%s\":\n", path);
9   printu("[name]               [inode_num]\n");
10   struct dir dir;
11   int width = 20;
12   while(readdir_u(dir_fd, &dir) == 0) {
13     // we do not have %ms :(
14     char name[width + 1];
15     memset(name, ' ', width + 1);
```

```
16     name[width] = '\0';
17     if (strlen(dir.name) < width) {
18       strcpy(name, dir.name);
19       name[strlen(dir.name)] = ' ';
20       printu("%s %d\n", name, dir.inum);
21     }
22     else
23       printu("%s %d\n", dir.name, dir.inum);
24   }
25   printu("------------------------------\n");
26   closedir_u(dir_fd);
27 }
28 
29 int main(int argc, char *argv[]) {
30   char str[] = "hello world";
31   int fd;
32 
33   printu("\n======== Test 1: open and read dir ========\n");
34 
35   ls("/RAMDISK0");
36 
37   printu("\n======== Test 2: make dir ========\n");
38 
39   mkdir_u("/RAMDISK0/sub_dir");
40   printu("make: /RAMDISK0/sub_dir\n");
41 
42   ls("/RAMDISK0");
43 
44   // try to write a file in the new dir
45   printu("write: /RAMDISK0/sub_dir/ramfile\n");
46 
47   fd = open("/RAMDISK0/sub_dir/ramfile", O_RDWR | O_CREAT);
48   printu("file descriptor fd: %d\n", fd);
49 
50   write_u(fd, str, strlen(str));
51   printu("write content: \n%s\n", str);
52 
53   close(fd);
54 
55   ls("/RAMDISK0/sub_dir");
56 
57   printu("\nAll tests passed!\n\n");
58   exit(0);
59   return 0;
60 }
```

该应用在 Test 1 中完成对目录文件的读取操作。目录文件的读取在 ls()函数中实现，该函数会读取并显示一个目录下的所有目录项，其主要执行步骤是：第 6 行，调用 opendir_u()打开一个目录文件；第 12 行，调用 readdir_u()函数读取目录文件中的下一个目录项，该过程循环执行，直到读取完最后一个目录项；最后，在第 26 行将目录文件关闭。Test 2 完成在目录下创建子目录。第 39 行，调用 mkdir_u()在/RAMDISK0 下创建子目录 sub_dir；第 44～53 行尝试在新目录下创建并写入一个文件。

● （先提交 lab4_1 的答案，然后）切换到 lab4_2，继承 lab4_1 以及之前实验所做的修改，并 make 后的直接运行结果如下：

```
//切换到 lab4_2
$ git checkout lab4_2_directory

//继承 lab4_1 以及之前实验所做的修改
$ git merge lab4_1_file -m "continue to work on lab4_2"

//重新构造
$ make clean; make

//运行
$ spike ./obj/riscv-pke ./obj/app_directory
In m_start, hartid:0
HTIF is available!
(Emulated) memory size: 2048 MB
Enter supervisor mode...
PKE kernel start 0x0000000080000000, PKE kernel end: 0x000000008000e000, PKE
kernel size: 0x000000000000e000 .
free physical memory address: [0x000000008000e000, 0x0000000087ffffff]
kernel memory manager is initializing ...
KERN_BASE 0x0000000080000000
physical address of _etext is: 0x0000000080008000
kernel page table is on
RAMDISK0: base address of RAMDISK0 is: 0x0000000087f37000
RFS: format RAMDISK0 done!
Switch to user mode...
in alloc_proc. user frame 0x0000000087f2f000, user stack 0x000000007ffff000,
user kstack 0x0000000087f2e000
FS: created a file management struct for a process.
in alloc_proc. build proc_file_management successfully.
User application is loading.
Application: obj/app_directory
CODE_SEGMENT added at mapped info offset:3
DATA_SEGMENT added at mapped info offset:4
Application program entry point (virtual address): 0x0000000000010186
going to insert process 0 to ready queue.
going to schedule process 0 to run.

======== Test 1: open and read dir ========
------------------------------
ls "/RAMDISK0":
[name]              [inode_num]
------------------------------

======== Test 2: make dir ========
make: /RAMDISK0/sub_dir
------------------------------
ls "/RAMDISK0":
[name]              [inode_num]
You need to implement the code for reading a directory entry of rfs in lab4_2.

System is shutting down with exit code -1.
```

从以上运行结果来看，虽然在 Test 1 中读取/RAMDISK0 的操作顺利完成了，但这是由于/RAMDISK0 目录为空，实际并没有发生目录文件的读取。在 Test 2 中，mkdir_u()函数顺利创建了子目录 sub_dir，但当再次读取/RAMDISK0 目录文件的内容时，程序出现了错误。

2．实验内容

在 PKE 操作系统内核中完善对目录文件的访问操作，使得它能够正确处理用户进程的打开、读取目录文件请求。

实验完成后的运行结果：

```
$ spike ./obj/riscv-pke ./obj/app_directory
In m_start, hartid:0
HTIF is available!
(Emulated) memory size: 2048 MB
Enter supervisor mode...
PKE kernel start 0x0000000080000000, PKE kernel end: 0x000000008000e000, PKE
kernel size: 0x000000000000e000 .
free physical memory address: [0x000000008000e000, 0x0000000087ffffff]
kernel memory manager is initializing ...
KERN_BASE 0x0000000080000000
physical address of _etext is: 0x0000000080008000
kernel page table is on
RAMDISK0: base address of RAMDISK0 is: 0x0000000087f37000
RFS: format RAMDISK0 done!
Switch to user mode...
in alloc_proc. user frame 0x0000000087f2f000, user stack 0x000000007ffff000,
user kstack 0x0000000087f2e000
FS: created a file management struct for a process.
in alloc_proc. build proc_file_management successfully.
User application is loading.
Application: obj/app_directory
CODE_SEGMENT added at mapped info offset:3
DATA_SEGMENT added at mapped info offset:4
Application program entry point (virtual address): 0x0000000000010186
going to insert process 0 to ready queue.
going to schedule process 0 to run.

======== Test 1: open and read dir ========
------------------------------
ls "/RAMDISK0":
[name]               [inode_num]
------------------------------

======== Test 2: make dir ========
make: /RAMDISK0/sub_dir
------------------------------
ls "/RAMDISK0":
[name]               [inode_num]
sub_dir              1
------------------------------
write: /RAMDISK0/sub_dir/ramfile
file descriptor fd: 0
write content:
hello world
------------------------------
```

```
ls "/RAMDISK0/sub_dir":
[name]              [inode_num]
ramfile             2
------------------------------

All tests passed!

User exit with code:0.
no more ready processes, system shutdown now.
System is shutting down with exit code 0.
```

3. 实验指导

首先，需要了解 RFS 读取目录文件的方式。RFS 读取目录文件的方式与读取普通文件的有很大的不同，读取一个目录文件分为 3 步：打开目录文件、读取目录文件和关闭目录文件。其中，打开目录文件对应于函数 opendir_u()，该函数定义在 user/user_lib.c 文件中：

```
125 int opendir_u(const char *dirname) {
126   return do_user_call(SYS_user_opendir, (uint64)dirname, 0, 0, 0, 0, 0,
0);
127 }
```

由该函数定义可见，其对应 SYS_user_opendir 系统调用，在 kernel/syscall.c 中找到该系统调用的定义：

```
171 ssize_t sys_user_opendir(char * pathva){
172   char * pathpa = (char*)user_va_to_pa((pagetable_t)(current->pagetable),
pathva);
173   return do_opendir(pathpa);
174 }
```

sys_user_opendir()函数完成虚拟地址到物理地址的转换后，调用 do_opendir()实现打开目录文件的功能。do_opendir()定义在 kernel/proc_file.c 中：

```
168 int do_opendir(char *pathname) {
169   struct file *opened_file = NULL;
170   if ((opened_file = vfs_opendir(pathname)) == NULL) return -1;
171
172   int fd = 0;
173   struct file *pfile;
174   for (fd = 0; fd < MAX_FILES; ++fd) {
175     pfile = &(current->pfiles->opened_files[fd]);
176     if (pfile->status == FD_NONE) break;
177   }
178   if (pfile->status != FD_NONE)  // no free entry
179     panic("do_opendir: no file entry for current process!\n");
180
181   // initialize this file structure
182   memcpy(pfile, opened_file, sizeof(struct file));
183
184   ++current->pfiles->nfiles;
185   return fd;
186 }
```

do_opendir()函数主要在第 170 行调用 vfs_opendir()函数实现打开目录文件的功能，其余部分与 6.1.3 小节中介绍的 do_open()的定义基本一致。继续在 kernel/vfs.c 中找到 vfs_opendir()函数：

```
302 struct file *vfs_opendir(const char *path) {
303   struct dentry *parent = vfs_root_dentry;
```

```
304   char miss_name[MAX_PATH_LEN];
305
306   // lookup the dir
307   struct dentry *file_dentry = lookup_final_dentry(path, &parent,
       miss_name);
308
309   if (!file_dentry || file_dentry->dentry_inode->type != DIR_I) {
310     sprint("vfs_opendir: cannot find the direntry!\n");
311     return NULL;
312   }
313
314   // allocate a vfs file with readable/non-writable flag.
315   struct file *file = alloc_vfs_file(file_dentry, 1, 0, 0);
316
317   // additional open direntry operations for a specific file system
318   // rfs needs build dir cache.
319   if (file_dentry->dentry_inode->i_ops->viop_hook_opendir) {
320     if (file_dentry->dentry_inode->i_ops->
321         viop_hook_opendir(file_dentry->dentry_inode, file_dentry) != 0)
{
322       sprint("vfs_opendir: hook opendir failed!\n");
323     }
324   }
325
326   return file;
327 }
```

该函数在第 307 行调用 lookup_final_dentry()在目录树中查找目标目录文件，获得其对应的 dentry，之后在第 315 行分配一个关联该 dentry 的 file 对象并返回。这两步其实与打开一个已存在的普通文件的过程相同。值得注意的是，在 vfs_opendir()函数的最后（第 319～324 行）调用了钩子函数 viop_hook_opendir()。根据 6.1.4 小节中对钩子函数的解释，RFS 定义了 viop_hook_opendir()的具体函数实现 rfs_hook_opendir()，因此，rfs_hook_opendir()函数会在 vfs_opendir()的最后被调用。rfs_hook_opendir()定义在 kernel/rfs.c 文件中：

```
574 //
575 // when a directory is opened, the contents of the directory file are
     // read
576 // into the memory for directory read operations
577 //
578 int rfs_hook_opendir(struct vinode *dir_vinode, struct dentry *dentry) {
579   // allocate space and read the contents of the dir block into memory
580   void *pdire = NULL;
581   void *previous = NULL;
582   struct rfs_device *rdev = rfs_device_list[dir_vinode->sb->s_dev->dev_
       id];
583
584   // read-in the directory file, store all direntries in dir cache.
585   for (int i = dir_vinode->blocks - 1; i >= 0; i--) {
586     previous = pdire;
587     pdire = alloc_page();
588
589     if (previous != NULL && previous - pdire != RFS_BLKSIZE)
590       panic("rfs_hook_opendir: memory discontinuity");
591
592     rfs_r1block(rdev, dir_vinode->addrs[i]);
593     memcpy(pdire, rdev->iobuffer, RFS_BLKSIZE);
```

```
594   }
595
596   // save the pointer to the directory block in the vinode
597   struct rfs_dir_cache *dir_cache = (struct rfs_dir_cache *)alloc_page();
598   dir_cache->block_count = dir_vinode->blocks;
599   dir_cache->dir_base_addr = (struct rfs_direntry *)pdire;
600
601   dir_vinode->i_fs_info = dir_cache;
602
603   return 0;
604 }
```

在第 585～594 行，该函数读取了目录文件的所有数据块（由于 alloc_page()会从高地址向低地址分配内存，因此对目录文件数据块从后往前读取）；第 597～599 行将目录文件内容的地址和“磁盘”块数保存在 dir_cache 结构体中；第 601 行将 dir_cache 的地址保存在目录文件 vinode 的 i_fs_info 数据项中。该函数实际上将目录文件内的全部目录项读入了 dir_cache 中，后续的读目录操作则直接从 dir_cache 中读取目录项并返回。

RFS 的读目录函数由 rfs_readdir()实现（按照上文跟踪 opendir_u()的过程，读者可以自行跟踪 readdir_u()函数的调用过程，最终会跟踪到 rfs_readdir()函数，这里不赘述），该函数在 kernel/rfs.c 中实现：

```
621 //
622 // read a directory entry from the directory "dir", and the "offset"
indicate
623 // the position of the entry to be read. if offset is 0, the first entry
    // is read,
624 // if offset is 1, the second entry is read, and so on.
625 // return: 0 on success, -1 when there are no more entry (end of the list).
626 //
627 int rfs_readdir(struct vinode *dir_vinode, struct dir *dir, int *offset)
{
628   int total_direntrys = dir_vinode->size / sizeof(struct rfs_direntry);
629   int one_block_direntrys = RFS_BLKSIZE / sizeof(struct rfs_direntry);
630
631   int direntry_index = *offset;
632   if (direntry_index >= total_direntrys) {
633     // no more direntry
634     return -1;
635   }
636
637   // reads a directory entry from the directory cache stored in vfs inode.
638   struct rfs_dir_cache *dir_cache = (struct rfs_dir_cache *)
639       dir_vinode->i_fs_info;
640   struct rfs_direntry *p_direntry = dir_cache->dir_base_addr +
      direntry_index;
641
642   // TODO (lab4_2): implement the code to read a directory entry.
643   // hint: in the above code, we had found the directory entry that located
      // at the
644   // *offset, and used p_direntry to point it.
645   // in the remaining processing, we need to return our discovery.
646   // the method of returning is to popular proper members of "dir", more
      // specifically,
647   // dir->name and dir->inum.
648   // note: DO NOT DELETE CODE BELOW PANIC.
```

```
649   panic("You need to implement the code for reading a directory entry of
        rfs in lab4_2.\n" );
650
651   // DO NOT DELETE CODE BELOW.
652   (*offset)++;
653   return 0;
654 }
```

在第638～639行，rfs_readdir()函数从目录文件vinode的i_fs_info中获取到dir_cache的地址；第640行，在预先读入的目录文件中，通过偏移量找到需要读取的rfs_direntry地址（p_direntry）；第642～648行则是读者需要补全的代码。根据注释内容的提示，读者需要从dir_cache中读取目标rfs_direntry，并将其名称与对应的dinode号复制到dir中。完成目录的读取后，用户程序需要调用closedir_u()函数关闭文件，该函数的调用过程由读者自行跟踪。

● 实验完毕，记得提交修改（命令行中-m后的字符串可自行确定），以便在后续实验中继承lab4_2中所做的工作：

```
$ git commit -a -m "my work on lab4_2 is done."
```

4. 答案解析

将kernel/rfs.c文件中的：

```
  panic("You need to implement the code for reading a directory entry of rfs
in lab4_2.\n" );
```

替换为：

```
  strcpy(dir->name, p_direntry->name);
  dir->inum = p_direntry->inum;
```

替换原因如下。

读取一个目录项需要读取其名称与disk inode号。

6.4 实验lab4_3硬链接

1. 给定应用

● user/app_hardlinks.c：

```
1 #include "user_lib.h"
2 #include "util/string.h"
3 #include "util/types.h"
4
5 void ls(char *path) {
6   int dir_fd = opendir_u(path);
7   printu("------------------------------\n");
8   printu("ls \"%s\":\n", path);
9   printu("[name]               [inode_num]\n");
10   struct dir dir;
11   int width = 20;
12   while(readdir_u(dir_fd, &dir) == 0) {
13     // we do not have %ms :(
14     char name[width + 1];
15     memset(name, ' ', width + 1);
16     name[width] = '\0';
17     if (strlen(dir.name) < width) {
18       strcpy(name, dir.name);
```

```
19       name[strlen(dir.name)] = ' ';
20       printu("%s %d\n", name, dir.inum);
21     }
22     else
23       printu("%s %d\n", dir.name, dir.inum);
24   }
25   printu("------------------------------\n");
26   closedir_u(dir_fd);
27 }
28
29 int main(int argc, char *argv[]) {
30   int MAXBUF = 512;
31   char str[] = "hello world";
32   char buf[MAXBUF];
33   int fd1, fd2;
34
35   printu("\n======== establish the file ========\n");
36
37   fd1 = open("/RAMDISK0/ramfile", O_RDWR | O_CREAT);
38   printu("create file: /RAMDISK0/ramfile\n");
39   close(fd1);
40
41   printu("\n======== Test 1: hard link ========\n");
42
43   link_u("/RAMDISK0/ramfile", "/RAMDISK0/ramfile2");
44   printu("create hard link: /RAMDISK0/ramfile2 -> /RAMDISK0/ramfile\n");
45
46   fd1 = open("/RAMDISK0/ramfile", O_RDWR);
47   fd2 = open("/RAMDISK0/ramfile2", O_RDWR);
48
49   printu("file descriptor fd1 (ramfile): %d\n", fd1);
50   printu("file descriptor fd2 (ramfile2): %d\n", fd2);
51
52   // check the number of hard links to ramfile on disk
53   struct istat st;
54   disk_stat_u(fd1, &st);
55   printu("ramfile hard links: %d\n", st.st_nlinks);
56   if (st.st_nlinks != 2) {
57     printu("ERROR: the number of hard links to ramfile should be 2, but
       it is %d\n",
58             st.st_nlinks);
59     exit(-1);
60   }
61
62   write_u(fd1, str, strlen(str));
63   printu("/RAMDISK0/ramfile write content: \n%s\n", str);
64
65   read_u(fd2, buf, MAXBUF);
66   printu("/RAMDISK0/ramfile2 read content: \n%s\n", buf);
67
68   close(fd1);
69   close(fd2);
70
71   printu("\n======== Test 2: unlink ========\n");
72
```

```
 73   ls("/RAMDISK0");
 74
 75   unlink_u("/RAMDISK0/ramfile");
 76   printu("unlink: /RAMDISK0/ramfile\n");
 77
 78   ls("/RAMDISK0");
 79
 80   // check the number of hard links to ramfile2 on disk
 81   fd2 = open("/RAMDISK0/ramfile2", O_RDWR);
 82   disk_stat_u(fd2, &st);
 83   printu("ramfile2 hard links: %d\n", st.st_nlinks);
 84   if (st.st_nlinks != 1) {
 85     printu("ERROR: the number of hard links to ramfile should be 1, but
        it is %d\n",
 86            st.st_nlinks);
 87     exit(-1);
 88   }
 89   close(fd2);
 90
 91   printu("\nAll tests passed!\n\n");
 92   exit(0);
 93   return 0;
 94 }
```

该应用调用open()创建一个文件/RAMDISK0/ramfile，然后在Test 1中为/RAMDISK0/ramfile创建一个硬链接/RAMDISK0/ramfile2。创建完成，我们先检查RAM Disk中 ramfile文件的硬链接数是否为2，然后向 ramfile写入一段内容，再读取 ramfile2 ，查看ramfile2是否得到更新。在Test 2中，我们调用unlink删除ramfile，查看ramfile2硬链接数的变化情况。

● （先提交lab4_2的答案，然后）切换到lab4_3，继承lab4_2以及之前实验所做的修改，并make后的直接运行结果如下：

```
//切换到lab4_3
$ git checkout lab4_3_hardlink

//继承lab4_2以及之前实验所做的修改
$ git merge lab4_2_directory -m "continue to work on lab4_3"

//重新构造
$ make clean; make

//运行
$ spike ./obj/riscv-pke ./obj/app_hardlink
In m_start, hartid:0
HTIF is available!
(Emulated) memory size: 2048 MB
Enter supervisor mode...
PKE kernel start 0x0000000080000000, PKE kernel end: 0x000000008000e000, PKE
kernel size: 0x000000000000e000 .
free physical memory address: [0x000000008000e000, 0x0000000087ffffff]
kernel memory manager is initializing ...
KERN_BASE 0x0000000080000000
physical address of _etext is: 0x0000000080008000
kernel page table is on
```

```
RAMDISK0: base address of RAMDISK0 is: 0x0000000087f37000
RFS: format RAMDISK0 done!
Switch to user mode...
in alloc_proc. user frame 0x0000000087f2f000, user stack 0x000000007ffff000,
  user kstack 0x0000000087f2e000
FS: created a file management struct for a process.
in alloc_proc. build proc_file_management successfully.
User application is loading.
Application: obj/app_hardlink
CODE_SEGMENT added at mapped info offset:3
DATA_SEGMENT added at mapped info offset:4
Application program entry point (virtual address): 0x0000000000010186
going to insert process 0 to ready queue.
going to schedule process 0 to run.

======== establish the file ========
create file: /RAMDISK0/ramfile

======== Test 1: hard link ========
You need to implement the code for creating a hard link in lab4_3.

System is shutting down with exit code -1.
```

从以上运行结果来看，为 ramfile 创建硬链接的函数 link_u()并未顺利完成操作。

2. 实验内容

在 PKE 操作系统内核中完善对文件的访问操作，使得它能够正确处理用户进程的创建、删除硬链接的请求。

实验完成后的运行结果：

```
$ spike ./obj/riscv-pke ./obj/app_hardlink
In m_start, hartid:0
HTIF is available!
(Emulated) memory size: 2048 MB
Enter supervisor mode...
PKE kernel start 0x0000000080000000, PKE kernel end: 0x000000008000e000, PKE
  kernel size: 0x000000000000e000 .
free physical memory address: [0x000000008000e000, 0x0000000087ffffff]
kernel memory manager is initializing ...
KERN_BASE 0x0000000080000000
physical address of _etext is: 0x0000000080008000
kernel page table is on
RAMDISK0: base address of RAMDISK0 is: 0x0000000087f37000
RFS: format RAMDISK0 done!
Switch to user mode...
in alloc_proc. user frame 0x0000000087f2f000, user stack 0x000000007ffff000,
  user kstack 0x0000000087f2e000
FS: created a file management struct for a process.
in alloc_proc. build proc_file_management successfully.
User application is loading.
Application: obj/app_hardlink
CODE_SEGMENT added at mapped info offset:3
DATA_SEGMENT added at mapped info offset:4
Application program entry point (virtual address): 0x0000000000010186
going to insert process 0 to ready queue.
going to schedule process 0 to run.
```

```
======== establish the file ========
create file: /RAMDISK0/ramfile

======== Test 1: hard link ========
create hard link: /RAMDISK0/ramfile2 -> /RAMDISK0/ramfile
file descriptor fd1 (ramfile): 0
file descriptor fd2 (ramfile2): 1
ramfile hard links: 2
/RAMDISK0/ramfile write content:
hello world
/RAMDISK0/ramfile2 read content:
hello world

======== Test 2: unlink ========
------------------------------
ls "/RAMDISK0":
[name]               [inode_num]
ramfile              1
ramfile2             1
------------------------------
unlink: /RAMDISK0/ramfile
------------------------------
ls "/RAMDISK0":
[name]               [inode_num]
ramfile2             1
------------------------------
ramfile2 hard links: 1

All tests passed!

User exit with code:0.
no more ready processes, system shutdown now.
System is shutting down with exit code 0.
```

通过上述运行结果，我们可以发现，ramfile 和 ramfile2 实际对应同一个文件，更新其中一个会影响另一个。而删除 ramfile 只是将 inode 对应的硬链接数减 1，并将其目录项从父目录文件中移除。

3. 实验指导

为了补全 PKE 文件系统的硬链接功能，我们可以从应用 app_hardlinks.c 开始查看 link_u()函数的调用关系。同之前实验的跟踪过程一样，我们可以在 kernel/proc_file.c 下找到 link_u()函数在文件系统中的实现：

```
214 int link_u(char *oldpath, char *newpath) {
215   return vfs_link(oldpath, newpath);
216 }
```

该函数直接调用了 vfs_link()，在 kernel/vfs.c 中找到它的实现：

```
258 //
259 // make hard link to the file specified by "oldpath" with the name "newpath"
260 // return: -1 on failure, 0 on success.
261 //
262 int vfs_link(const char *oldpath, const char *newpath) {
263   struct dentry *parent = vfs_root_dentry;
264   char miss_name[MAX_PATH_LEN];
```

```
265
266  // lookup oldpath
267  struct dentry *old_file_dentry =
268      lookup_final_dentry(oldpath, &parent, miss_name);
269  if (!old_file_dentry) {
270    sprint("vfs_link: cannot find the file!\n");
271    return -1;
272  }
273
274  if (old_file_dentry->dentry_inode->type != FILE_I) {
275    sprint("vfs_link: cannot link a directory!\n");
276    return -1;
277  }
278
279  parent = vfs_root_dentry;
280  // lookup the newpath
281  // note that parent is changed to be the last directory entry to be
accessed
282  struct dentry *new_file_dentry =
283      lookup_final_dentry(newpath, &parent, miss_name);
284  if (new_file_dentry) {
285    sprint("vfs_link: the new file already exists!\n");
286    return -1;
287  }
288
289  char basename[MAX_PATH_LEN];
290  get_base_name(newpath, basename);
291  if (strcmp(miss_name, basename) != 0) {
292    sprint("vfs_link: cannot create file in a non-exist directory!\n");
293    return -1;
294  }
295
296  // do the real hard-link
297  new_file_dentry = alloc_vfs_dentry(basename,
      old_file_dentry->dentry_inode, parent);
298  int err =
299    viop_link(parent->dentry_inode, new_file_dentry,
      old_file_dentry->dentry_inode);
300  if (err) return -1;
301
302  // make a new dentry for the new link
303  hash_put_dentry(new_file_dentry);
304
305  return 0;
306 }
```

第 267～268 行在目录树中查找被链接的文件；第 282～294 行在目录树中查找将要创建的硬链接，确保其不与已存在的文件或目录名冲突；第 298～299 行调用 viop_link()函数来实现真正的创建硬链接操作。viop_link()函数在 RFS 中的实现是 rfs_link()函数，其定义在 kernel/rfs.c 中：

```
576 //
577 // create a hard link under a direntry "parent" for an existing file of
"link_node"
578 //
```

```
   579 int rfs_link(struct vinode *parent, struct dentry *sub_dentry, struct
vinode *link_node) {
   580   // TODO (lab4_3): we now need to establish a hard link to an existing
        // file whose vfs
   581   // inode is "link_node". To do that, we need first to know the name of
        // the new (link)
   582   // file, and then, we need to increase the link count of the existing
        // file. Lastly,
   583   // we need to make the changes persistent to disk. To know the name of
        // the new (link)
   584   // file, you need to stuty the structure of dentry, that contains the
        // name member;
   585   // To incease the link count of the existing file, you need to study
        // the structure of
   586   // vfs inode, since it contains the inode information of the existing
        // file.
   587   //
   588   // hint: to accomplish this experiment, you need to:
   589   //（1）increase the link count of the file to be hard-linked;
   590   //（2）append the new (link) file as a dentry to its parent directory;
            you can use
   591   //    rfs_add_direntry here.
   592   //（3）persistent the changes to disk. you can use rfs_write_back_vinode
        // here.
   593   //
   594   panic("You need to implement the code for creating a hard link in
          lab4_3.\n" );
   595 }
```

此函数需要读者进行实现。根据注释的提示，在 rfs_link()函数中完成硬链接创建需要 3 步：

（1）将旧文件 vinode 的硬链接数加 1；

（2）在新创建硬链接的父目录文件中添加一个目录项“新文件名:旧 dinode 号”；

（3）将 vinode 写回 RAM Disk 中。

● 实验完毕，记得提交修改（命令行中-m 后的字符串可自行确定），以便在后续实验中继承 lab4_3 中所做的工作：

```
$ git commit -a -m "my work on lab4_3 is done."
```

4. 答案解析

将 kernel/rfs.c 文件中的：

```
panic("You need to implement the code for creating a hard link in lab4_3.\n" );
```

替换为：

```
//（1）increase nlinks by 1
link_node->nlinks++;
//（2）add a directory entry in the parent dir file
int result = rfs_add_direntry(parent, sub_dentry->name, link_node->inum);
if (result == -1) {
  sprint("rfs_link: rfs_add_direntry failed");
  return -1;
}
//（3）write the inode of the file being linked to disk
if (rfs_write_back_vinode(link_node) != 0) {
```

```
    sprint("rfs_link: rfs_write_back_vinode failed");
    return -1;
  }
  return 0;
```

替换原因如下。

首先将 vinode 的硬链接数加 1，然后调用 rfs_add_direntry()在父目录文件中添加一个新的目录项，最后调用 rfs_write_back_vinode()将 vinode 写回 RAM Disk。

6.5　挑战实验

挑战实验包括相对路径、重载执行，以及简易 Shell 等内容（通过扫描二维码可获得挑战实验的指导文档）。

实验文档

注意：不同于基础实验，挑战实验的基础代码具有更大的不完整性，读者需要花费更多的精力理解 PKE 的源代码，通过互联网查阅相关的技术知识才能完成。另外，挑战实验的内容还可能随着时间的推移而有所更新。